バズコスメ 300 点を
徹底分析してわかった

美容 × SNS マーケティング「売れ」の法則

トレンダーズ株式会社　美容SNSメディア「MimiTV」
事業責任者・エグゼクティブプランナー

中谷友里

はじめに

「インフルエンサーに商品のPRをお願いしたのに、思っていたよりも売れ行きが悪い」

「美容とSNS、両方に詳しい人が社内にいない」

「どのプラットフォームにいくら投資すればいいのか？　戦略の立て方がわからない」

　国内外の化粧品ブランドのプロモーション支援をおこなう私たちのもとには、日々たくさんの相談が寄せられます。

　SNS（ソーシャル・ネットワーキング・サービス）をきっかけにものが売れるのは今や当たり前の時代。SNSユーザーが増加し、多くの人がSNSを通じて情報をやりとりするようになったことで、化粧品業界においてもSNSを用いたマーケティングの重要性が高まっています。

　特に2020年以降は、コロナ禍による外出自粛やスマホ時間の増

加を受け、多くの化粧品メーカーがSNSを軸にしたデジタルマーケティングを強化し始めました。SNS上で話題になった商品が店頭やECで売上を伸ばす「SNS売れ」の現象が日常的に見られるようになり、SNS売れした化粧品は「バズコスメ」として、テレビや雑誌などでも頻繁に取り上げられています。

　また最近では、SNSでの盛り上がりが一時的なものではなく、1年以上話題になり続け、売れ続けるロングセラー商品もあらわれました。コロナ禍で売上に影響を受けた企業も多くある中、SNSを起点とした大ヒット商品が生まれたことで、マーケティング担当者の方々の間で「SNSをマーケティングに活かさなければ」という思いが一段と強まっているのを感じます。

　一方で、SNS施策が重要であることは認識していても、「いざやってみると期待していたような効果が得られない」「社内にノウハウを持つ人材がいない」というように、SNSマーケティングにお

いて課題を抱えている企業も少なくありません。冒頭にあげたようなお悩みもその代表的な例ですが、マーケティング担当者の方からの質問で特に多いのが、

「とにかくバズらせたいんですが、どうすればいいですか？」

　というもの。
「バズコスメ」が浸透した影響で、よく「商品と相性の良いインフルエンサーに紹介してもらえばバズるでしょうか？」「何かバズるためのコツや裏技はありますか？」と聞かれるのですが、実は、「バズる」ことはそう簡単な話ではないのです。

　確かに、インフルエンサーに情報発信してもらうなど、SNSマーケティングの手法をいくつか用いることで一定のリーチ数は確保できるでしょう。しかし、SNSがここまで普及した現在、1つ

の投稿が一度バズった程度ではなかなか店頭の商品は動いてくれません。そのため、これまでSNSを使ってうまくいっていたメーカーであっても「あれ？　思ったより『SNS売れ』が再現できない」ということが起きているのです。

　それでは、SNSを効果的に使い、着実に売上へとつなげるためには一体何をどうしたらよいのでしょうか？　それにはまず、「SNS売れ」の仕組みを理解することが必要です。理解しないままでいると、「バズれば当たり、バズらなければハズレ」の運任せプランニングに陥ってしまったり、あてずっぽうな予算配分となって結果"無風"に終わってしまったりすることになります。逆に、きちんと仕組みを理解できていれば、最適な予算配分で戦略的なプランニングをおこなうことができます。

　私たちは、バズコスメに関する調査分析を2019年から継続して

おこなっています。

　ゴールを「POSを動かす（売上を上げる）こと」と定め、SNS
上でどのように評判が形成され、拡散し、実際の「売れ」につな
がっていくのか──、そのメカニズムの解明に取り組んできまし
た。

　その結果、過去にバズって売れた商品において、話題の広がり
方にある法則性を見出すことができました。そして、その法則性
をもとに分析データを読み解いていくことで、「SNS売れ」の仕組
みが明らかになってきたのです。

　バズコスメの中には、一見、偶然の産物のようなものも多くあ
ります。しかしその裏側には、ある共通する仕組みが存在してい
るのです。そして、その仕組みにもとづいたプロモーション設計
をおこなうことで、戦略的にPOSを動かすことが可能だというこ
とも実証実験を通してわかってきました。

本書では、バズコスメ分析から見えてきたことや、分析結果にもとづき私たちがおこなったプロモーション設計の事例を公開しています。

　まずCHAPTER1では、化粧品業界におけるSNSマーケティングの現在地を確認し、CHAPTER2で今の市場を動かしているユーザーの分析をしています。

　そしてCHAPTER3ではバズコスメの仕組みを明らかにし、CHAPTER4では実際に戦略を立てるために必要なことなどを示しています。また今回、PR戦略やデジタルマーケティングの専門家、ブランドデザイナー、インフルエンサーといった方々に取材をさせていただき、対談記事として収録しました。マーケティング領域にとどまらず、美容業界を取り巻く環境について幅広い視点で理解を深められる構成を意識しています。

　さて、著者である私は、自他ともに認める"美容オタク"です。

仕事でもプライベートでも、美容やコスメに関する情報収集は毎日欠かさず、SNSウォッチにも長時間を費やしています。新卒でトレンダーズに入社し、当社が運営するSNS美容メディア「MimiTV」のマーケティングプランナーとして活動し今年で5年目、今はMimiTVの事業責任者を務めています。

　美容に関する最新情報を発信するMimiTVの総フォロワー数は575万人を超え（2023年8月時点）、MimiTV主催のオンラインイベントやウェビナーには私たちプランナー陣も登壇し、日々、美容に興味関心の深いユーザーの方々と密にコミュニケーションをとっています。

　その結果、データや数字の裏側にある彼女たちの"モチベーション"や、話題化のきっかけとなる"文脈"まで読み取ることが可能となり、より解像度の高い分析をおこなうことができました。そして、これらの分析結果をもとに、メーカーや流通、代理店の方々と連携を取り、戦略的にPOSを動かす事例をいくつも生むことが

できました。

　本書を通じて、一人でも多くの方に美容×SNSの可能性を感じていただき、さらに、ここで公開する知識やノウハウを使いこなして、戦略的なSNSマーケティングに乗り出していただけることを願っています。

MimiTV 事業責任者・エグゼクティブプランナー

中谷友里

バズコスメ300点を徹底分析してわかった

美容×SNSマーケティング

「売れ」の法則

CONTENTS

CHAPTER 1

美容 × SNSマーケティング の現在地

SNS時代のユーザー分析

バズコスメ分析から
紐解く「SNS売れ」の仕組み

分析にもとづいた
SNSマーケティング戦略

Q & A　よくいただくご質問

CHAPTER 1

美容 × SNS
マーケティングの
現在地

進化する美容×マーケティング

　お肌がつるつるの美しいタレントさんが、さらさらの髪をなびかせて、笑顔で新商品の紹介をする。そして心惹かれるキャッチコピー！幼少期の私はテレビや雑誌の中のキラキラした彼女たちの姿に憧れ、ときめいて、「あんな風になりたい！」と思っていました。私だけでなく、あの頃多くの女性がテレビや雑誌の広告にうずうずしてしまい、店頭に足を運び目を輝かせていたはずです。

　みんながテレビや雑誌を見ていた「あの頃」。その印象がまだ強いせいか、今も化粧品メーカーのマーケティング担当者の方の中には「SNSと世の中で言われていても、やっぱり広告の花形はマスメディア」という考えの方も多いように感じます。

　しかし現在、SNSの影響力は大方の予想をはるかに超えるスピードで増してきています。2010年代からコロナ禍を経て幅広い世代に浸透したSNSは、今や生活者の化粧品購入に最も影響を与える媒体となりました（後述）。こうした生活者の購買行動の変化を受けて、多くの化粧品メーカーが「マスからデジタルへ」と軸足を移す流れにあるのです。

　代表的な例でいえば、業界最大手の資生堂は2020年、それまで50％程度だった広告媒体費のデジタル比率を2023年までに90％にすると表明。その結果、2022年の時点でデジタル比率は84％まで向上しました。これまでインターネット広告を主戦場に売上を伸ばしてきた中小企業や新興メーカーだけでなく、大手メーカーも含めた業界全体が「デジタルファースト」に変化してきています。

　とはいえ、まだまだ多くのメーカーにとっては、テレビCMや雑誌

広告の影響力も無視できないというのが実際のところではないでしょうか。依然としてマス広告やリアルのイベントも有効な訴求方法として存在する中、マーケティング担当者は、デジタルもアナログも含めたメディアをうまく組み合わせながら、マーケティング全体を設計していくという、とても難しい舵取りを担わなければならない状況なのです。

「まずは"SNSとそれ以外"に分けましょう」

　当社に相談に来られるメーカーの方に、私たちはよくこうお話しします。
　SNSを主軸にマーケティング全体の効果を上げていくためには、マスとデジタル、さらにはデジタルの中でもSNSとそれ以外について、それぞれの違いを明確にすることがとても重要だからです。「それができていないとどうなるのか？」というと、たとえばSNS広告をマス広告やその他のWeb広告の延長ととらえてしまい、なかなかその効果を出すまでに至らなかったり、企業としても人材や投資の最適化が難しくなったりします。

　この章では、
　SNSマーケティングとはどういうものなのか？
　化粧品メーカーとしてどのように取り組んでいけばよいのか？
　ということを、その歴史や具体的な手法、課題についてお話しすることで明らかにし、SNSマーケティングに対しての理解の解像度を上げていきます。

　まずは、美容・化粧品業界のマーケティング手法の変遷を振り返る

ことで、それぞれの手法の強みや特徴を知るとともに、マーケティング市場においてSNSがどのように台頭してきたのかを追っていきます。

●テレビと雑誌がマーケティング市場を席巻した平成初期

　インターネット社会になる前の1980〜1990年代。情報発信の中心はテレビや雑誌、新聞、ラジオといったマスメディアでした。カラーテレビの普及率は90％を超え、いわば誰もがテレビを見る時代です。ゴールデンタイムの番組内で何度も流れていたテレビCMを、みなさんも１つや２つは思い出せるのではないでしょうか？

　また、90年代には雑誌の市場規模がピークになります。趣味・生活・実用・娯楽など、さまざまなジャンルの雑誌が次々創刊されしのぎを削りました。美容に関しても同様で、消費者の多くがファッショ

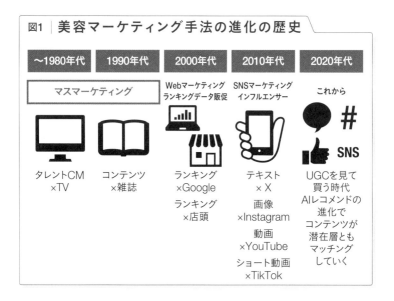

図1　美容マーケティング手法の進化の歴史

| 〜1980年代 | 1990年代 | 2000年代 | 2010年代 | 2020年代 |

マスマーケティング　　Webマーケティング　SNSマーケティング　これから
　　　　　　　　　　　ランキングデータ販促　インフルエンサー

タレントCM　コンテンツ　ランキング　テキスト　UGCを見て
×TV　　　　×雑誌　　　×Google　　× X　　　買う時代
　　　　　　　　　　　ランキング　画像　　　AIレコメンドの
　　　　　　　　　　　×店頭　　　×Instagram　進化で
　　　　　　　　　　　　　　　　　動画　　　コンテンツが
　　　　　　　　　　　　　　　　　×YouTube　潜在層とも
　　　　　　　　　　　　　　　　　ショート動画　マッチング
　　　　　　　　　　　　　　　　　×TikTok　　していく

ンやメイクのトレンドを雑誌からキャッチしていました。雑誌から生まれたトレンドも多く、テレビ同様大きな影響力を持っていました。

●インターネットの普及が始まった2000年代

　2000年代になると、人々の暮らしの中にインターネットが入り込んできます。一般家庭にPCが普及し始め、消費者は商品を購入する前にインターネットで情報を調べたり、買った商品の情報や感想をシェアしたりできるようになりました。それまでご近所や友達間でおこなわれていた口コミによる情報収集・情報伝達が、全国・全世界規模でできるようになったのです。

　このように、インターネットの普及により人々の情報環境や消費行動は大きく変わりましたが、それはメーカーのマーケティング活動においても同様です。人が集まるところに広告が集まるのは当然のことで、消費者の可処分時間（自分で自由に使うことができる時間）の大部分を占めるコンテンツがテレビや雑誌などのマスメディアからPCやスマートフォンに移れば、マーケティング活動の舞台もそちらに移ります。まず、はじめに登場したのはバナー広告でした。当初はまだマスメディアのおまけといった要素が強かったため、テレビCMや雑誌広告で使用するキービジュアルをそのまま広告クリエイティブに利用するものが多かったのが、インターネット広告の影響力が増すにつれてだんだんとクリエイティブにも工夫が凝らされるようになっていきます。

　その後、Googleが検索連動型広告を開始。少額の予算からでも利用できるため、高コストなテレビCMを出稿する力のない中小企業も広告出稿ができるようになりました。工夫次第で大きなリーチを達成することもできたため、「テレビや雑誌では見ないけど、よく売れている」という商品も登場するようになりました。

さらに、ブログの登場により、誰もが自由に情報発信を楽しめるようになりました。ブログブームが到来し、間もなく、投稿者が自身のブログなどに誘導リンク付きの商品紹介記事を作成し、そこから購入件数に応じて報酬を受け取る「アフィリエイト広告（成果報酬型広告）」も登場します。一方で「ステマ（ステルスマーケティング）」という言葉が生まれ、たびたび問題になったのもこの頃からです。そんな流れから、ユーザーにとってよりリアルな情報を得られる「口コミサイト」が注目を集めるようになっていきます。美容業界でも口コミの活用は浸透していき、店頭では「口コミサイトで1位を獲得！」といったPOPが目立つようになりました。

●スマホ一人一台の時代に登場したSNS

　2008年に日本にスマホ（スマートフォン）が登場したことから、私たちの情報環境は加速度的に便利で快適なものになっていきます。

　次第に、消費者の可処分時間にも変化があらわれます。つい数年前までは、夕飯時には家族がそろってお茶の間で1台のテレビを見ていたのが、食事を終えたらさっさとそれぞれの部屋に戻りスマホやPCを見ている、もしくはテレビを見ながらもスマホを見ている、というような過ごし方が増えてきたのです。場所を選ばずインターネットに接続できるスマホの利便性もさることながら、テレビ番組よりも楽しいと感じるエンターテインメントや、新聞や雑誌を買わずとも手に入る有益な情報がインターネットの世界には溢れているからです。

　2010年代に入ると、SNSの利用者が爆発的に増えました。SNSの特徴は、リアルタイム性にあります。情報を得たり発信したりするだけでなく「今、この瞬間」の出来事や感情をシェアできるようになりました。これも、場所を選ばないスマホならではと言えるでしょう。

　もはや私たちにとって欠かせないコミュニケーションツールとも言

えるSNSですが、この普及をきっかけにマーケティングの在り方が大きく変わっていきます。本書では、数あるSNSの中でも主要とされる「YouTube」「X（旧：Twitter）」「Instagram」「TikTok」の4つのプラットフォームを取り上げています。それぞれの詳細についてはもはや説明不要だとは思いますが、簡単に特徴と広告の種類を整理しておきましょう。

各ＳＮＳプラットフォームの 特徴と広告の種類

◉ YouTube

アメリカで誕生した「YouTube」が日本語版をリリースしたのは2007年6月です。当初はPCで閲覧する動画共有サービスでした。その後スマホの普及と、画質向上・バッテリー容量の拡大・通信速度の向上などの技術革新にともない、誰もがストレスなく動画コンテンツを楽しめるようになりました。総務省が発表した令和4年度の調査によると、YouTubeの全年代の利用割合は87.9％で、10代〜 60代までの幅広い層の男女が利用していることがわかっています。

■ 広告の種類

◉ TrueView インストリーム広告

動画の最初や最後・途中に流す広告で、最も多くの動画に使われています。インストリーム広告の中にも、広告再生開始から5秒が経過するとスキップできる「スキッパブル広告」と、強制視聴型の15秒以下の動画広告「ノンスキッパブル広告」の2つがあります。いずれも、動画を見るためには数秒間は広告の視聴が避けられないため、多くの人の目に触れられると考えてよいでしょう。一方で、広告色が強く出るため、嫌悪感を抱く視聴者も多いので出稿時にはよく吟味する

ことをおすすめします。

◉インフィード動画広告

　関連動画や検索結果の一覧に他の動画とともに表示される広告です。能動的にクリックしなければ視聴されないデメリットはありますが、言い換えると、ユーザーの意思で広告を見ることになるため、もともと興味関心の高いユーザーに届きやすいといえます。また、強制的に流れるインストリーム広告とは異なり、ネガティブな印象を与えにくいと考えられます。

◉ Instagram

　2014年に日本でのサービスが始まったInstagram。翌2015年には国内のアクティブユーザーが810万人を超え、2016年には1200万人、2017年には2000万人……と、怒涛の勢いでユーザーを獲得し、2022年時点ではユーザー数が3300万人を超えています。投稿されるコンテンツは画像や動画で、2017年には「インスタ映え」が流行語大賞に選ばれるなど、一大ブームを巻き起こしました。

　ユーザー層は10 〜 20代が最も多く、男性よりも女性の利用者数が多い傾向にありましたが、近年では男女差が少なくなってきているようです。

■ 広告の種類

◉画像広告

　画像とテキストから成る基本の広告です。ストーリーズ・フィード・発見タブなどで配信でき、比較的シンプルな作りのためあまり広告色を出さずに表示できるのが強みです。

●動画広告

ストーリーズ・フィード・発見タブ・リールと、すべての方法で配信が可能です。

●カルーセル広告

フィードとストーリーズに掲載できる広告で、1つの広告に最大10枚までの画像や動画、テキストを配信できます。最初に表示されるのは1枚目の画像や動画で、右へスワイプすることでそれ以降の広告を表示させるため、1枚目の画像が肝心となります。

●コレクション広告

いわゆるカタログのような表示形式の広告です。複数の画像を組み合わせたものを表示させ、画像をクリックすると販売ページに飛ぶ仕組みです。

● X（旧：Twitter）

YouTubeに続いて2008年に日本に上陸したのがTwitter、現在のXです。ポスト（旧：ツイート）と呼ばれる140文字以内の短文（有料会員は別）や、画像・動画を共有でき、操作が簡単かつ短文でOKという手軽さから、思いついたときに投稿できる「リアルタイム性」が特に強いSNSです。

また、「いいね」・リポスト（リツイート）・リプライ・ハッシュタグなど、投稿の注目を集めたり拡散させたりするための機能が充実しており、情報が拡散しやすいのも特徴です。

また実名登録の規定がなく、匿名性が高いのもXの特徴の１つ。アカウントを複数作ることもできるので、趣味専用のアカウントを作る

カルチャーが存在しており、美容好きの中には「美容のことだけを呟く＆情報収集する専用のアカウント（通称・美容垢）」を持つユーザーも多くいます。

アクティブユーザーは10代〜 30代の男女で、企業単位や商品単位・イベント単位などプロモーション用のアカウントも多く存在しています。

■ 広告の種類

● フォロワー獲得広告

まだフォローしていないユーザーのタイムラインに、おすすめのアカウントとして表示させる広告です。商品を買ってもらうというよりは、認知度を高めるための施策として使われます。

● テイクオーバー広告

タイムラインの一番上やトレンド欄・検索欄の上位など、目立つ場所に表示させる広告です。多くのユーザーの目にとまりやすく、膨大なリーチにつなげられます。

● TikTok

TikTokは2016年、ショート動画投稿アプリとして中国で誕生し、翌年には日本でのサービスが開始されました。15秒〜 1分のショート動画をアプリ上で作成・投稿できるＳＮＳで、10代〜 20代のＺ世代を中心に普及しています。

2020年にはTikTok for Businessという企業向け課題解決サービスがローンチされ、企業からも注目を集めました。

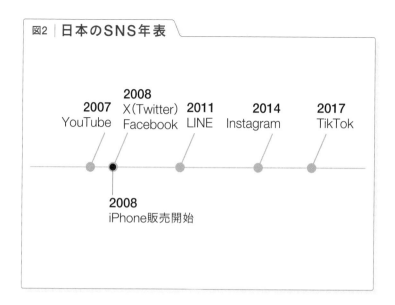

図2 日本のSNS年表

2007
YouTube

2008
X(Twitter)
Facebook

2011
LINE

2014
Instagram

2017
TikTok

2008
iPhone販売開始

■ 広告の種類

● 起動画面広告

　アプリを起動した際に表示される広告です。必ず目に入るため、認知度を高めるには効果が高いとされています。

● ハッシュタグチャレンジ広告

　ユーザーに対してハッシュタグ（#）がついた特定の投稿を促す広告。たとえばインフルエンサーや著名人が企業のアカウントで見本の動画を投稿し、特定のハッシュタグを利用してチャレンジページに誘導します。ユーザーはその動画を見て、マネしたものを投稿するという仕組みです。参加するユーザーが増えれば増えるほど拡散されるため、認知拡大に最適です。

●インフィード広告

　ユーザーのおすすめ枠に表示される広告です。他の動画と同じように コメントや「いいね」のリアクション・シェアができるなど、広告 感は比較的薄いといえます。

● 運用型広告

　掲載期間や金額などを自由に設定できるため、少額から始められる のが最大のメリット。しかし、広告運用の知識が必要不可欠です。広 告をテスト導入する場合や、長期的に運用したい場合には最適でしょ う。

　SNSのプラットフォームはAI技術などの発展にともない、今もな おとてつもないスピードで進化を続けています。これからのSNSマ ーケティングは、プラットフォームの進化に速やかに対応する必要が あるため、スピード感を持って臨まなくてはなりません。どこかで成 功体験を積むことができたとしても、その方法論は半年後には全く通 用しなくなっている、なんてことも平気で起こり得ます。SNSを普 段からユーザーとして利用していない人にとっては、その変化を追い 続けるために相当な根気が必要となるでしょう。

ＳＮＳマーケティングと インターネット広告の転換点

　ユーザー同士のコミュニケーションツールとして普及したSNSは、 やがて企業のマーケティング活動の場としての側面を持つようになり ました。魅力的かつユニークな投稿により多くのフォロワーを獲得し た投稿者はいわゆる「インフルエンサー」と呼ばれるようになり、企 業から商品のPRを依頼されるようになります。インフルエンサーに とっては新製品をいち早く試すことができる、報酬を得られるなどの

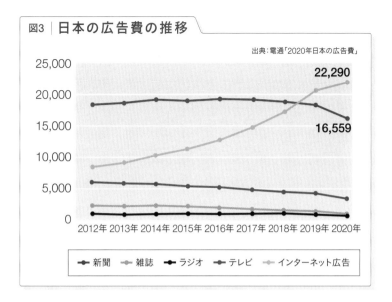

図3 | 日本の広告費の推移

出典：電通「2020年日本の広告費」

凡例：新聞　雑誌　ラジオ　テレビ　インターネット広告

メリットがあり、こうして間もなくインフルエンサーマーケティングというジャンルが確立されていきました。2010年代後半になると、インフルエンサーマーケティングはさらに加熱していき、特に美容業界においては企業のマーケティング活動に欠かせない存在となりました。

　インフルエンサーマーケティングを含めたインターネット広告は誕生してから今まで、スマホとSNSの普及を背景に、市場が拡大し進化し続けています。そして2017年、ついに端末別のインターネット利用率はスマホがPCを上回り、2019年にはインターネット広告の出稿費がテレビCMを上回りました（図3）。それまで漠然と「インターネットの時代がきているらしい」としか認識していなかった人も、この事実から企業のマーケティングが「デジタル」をキーワードとした大きな転換期を迎えたことを実感したのではないでしょうか。

コロナ禍で加速した企業のSNSシフト

　時代の移り変わりとともにマーケティング領域のデジタルシフト・SNSシフトが進む中、追い打ちをかけたのが新型コロナウイルスの感染拡大の影響です。2020年はじめから2022年末までの約3年間は、人々の外出の機会が極端に少なくなりました。こと美容業界について言うと、外出しない→人に会わない→メイクをする必要がなくなる、ということと、外国人観光客によるインバウンド消費がなくなったことが大きな要因となり、2020年は多くの化粧品メーカーが売上にマイナスの影響を受けました。

　これにより、各メーカーは広告宣伝費の見直しを余儀なくされます。大きな予算が必要となるテレビCMの出稿を抑制し、出稿費を調整しやすいデジタル広告・SNS広告に切り替えるメーカーも出てきました。

　一方で、コロナ禍に家で過ごす時間が増え、人とのつながりが希薄になったことで、これまで以上にSNSが活用されるようになりました。それにより美容情報の収集にもますますSNSが利用されるようになり、購買への影響力が増しました。

　そして、2021年には「TikTok売れ（TikTok起点で商品が売れる現象）」がその年のヒット商品として日経トレンディに選ばれ、SNSが人々の購買を促す重要なマーケティングツールとして強く印象づけられました。美容業界では、SNSで話題となったことでコロナ禍にもかかわらず大ヒットした化粧品が誕生し、SNSマーケティングの存在感は決定的なものとなります。これまでマーケティング活動のメインはテレビや雑誌などのマス媒体、デジタル・SNSは「オマケ」的

な扱いだったのが、デジタル・SNSが「メイン」に据えられるという逆転現象まで起き始めたのです。

ＳＮＳマーケティングの種類と使われ方

ここまで、あらすじだけですがマーケティングの変遷についておさらいしてきました。ここからは、現在のSNSマーケティングにはどのような種類があり、それらがどのようなシーンや目的で利用されているかについて説明することで、CHAPTER2以降の内容を理解し活用するための下準備をしていきます。

公式アカウントで地道に情報を発信しても話題にならないと感じている人にとってはもちろん、すでにいくつかの手法を試している人でも、さらに理解を深めていってほしいと思います。

●インフルエンサーマーケティング

インフルエンサーマーケティングとは、簡単に言うとSNSで多くのフォロワーを抱えるインフルエンサーに自社の商品を紹介してもらうマーケティングの手法です。インフルエンサーの定義はやや曖昧なところもありますが、一般的には１００万人以上からフォローされている人を「トップ（メガ）インフルエンサー」、10万人〜１００万人までを「ミドルインフルエンサー」、1万人〜10万人を「マイクロインフルエンサー」、1万人未満を「ナノインフルエンサー」と呼びます。

インフルエンサーに自社の商品を紹介してもらう方法は大きく２つあり、１つはインフルエンサーとPR投稿に関わる契約を締結し、案件として投稿してもらう方法。もう１つは、インフルエンサーに商品のサンプルを提供（ギフティング）し、自発的な投稿を待つ方法で

す。

　前者の場合は原則として投稿に対する報酬が発生します。ちなみにインフルエンサーは個人として活動しているケースもあれば、事務所に所属してタレントのようにマネジメントを受けているケースもあります。

インフルエンサーの「熱量と質」を重視する

　インフルエンサーマーケティングで注意しておくべきことは「フォロワー数だけで判断しない」という点です。どのインフルエンサーとパートナーシップを結ぶかを考える際、多くの方がフォロワー数だけで判断しています。フォロワー数は大きな指標であることは間違いありませんが、それだけでは十分とは言えません。フォロワー数以外で何を重視すべきかというとインフルエンサーの「熱量」や「情報の質」です。商品理解に乏しいトップインフルエンサーよりも、商品に理解があり、愛があるマイクロインフルエンサーのほうが結果的にプロモーションを成功させる場合もあります。このあたりは正解があるわけではないので、商品コンセプトやターゲットなどによってアプローチするインフルエンサーを総合的に吟味する必要があるということです。

● SNS キャンペーン

「投稿をシェアした人の中から抽選で100名様にプレゼント！」
「今だけ！　ハッシュタグ○○で投稿したら○○が当たる！」
「フォロー＆リポストで○○が当たる！」
　といったように、SNSを活用しておこなうユーザー参加型のキャ

ンペーンです。仕掛ける側としては、先のインフルエンサーマーケティングのようなフローが不要になり、その上ダイレクトにユーザーの反応が見られるので、かなりハードルが低い手法だと思われている方も多いかもしれません。

SNSキャンペーンを実施するメリットは、手っ取り早く認知を拡大できる点と、SNSのフォロワー数を増やせる点にあります。キャンペーンがきっかけで、あなたの会社の商品に触れ、ファンになってくれる人もいるかもしれません。

しかし、注意も必要です。身もふたもない話ですが、キャンペーンでの認知の広がりやフォロワー数の増加は、基本的にはそれに付随するプレゼントの力です。「キャンペーンはとても好評だったけど、当選した人から商品やブランドについてのポジティブなUGC[※1]が投稿されない」「そもそも投稿すらない」「キャンペーンが終わったとたん、フォローをはずされてしまった」などのお悩みは本当に多いです。

SNSキャンペーンで得られるものはあくまで「キャンペーン施策の認知」であり、商品理解やUGCの発生を期待できるものではありません。そのため商品理解やUGCを増やすためには別の施策を仕掛ける必要があります。

● SNS 広告（AD）配信

SNSプラットフォームのAI技術を活用し、ターゲットを設定し広告（AD）を配信する「SNS広告配信」。自社のSNSアカウントに投稿するだけでは既存のフォロワーにしか届けられない情報を、SNSのターゲティングアルゴリズムによりフォロワー以外の興味・関心が高いユーザーのもとに届けることができるという特徴があります。また、インフルエンサーからの発信の場合、必ずしもフォロワー数＝リ

ーチ数とはならず、インプレッション数なども保証されるものではありませんが、SNS広告であれば予算に合わせて露出量と露出期間をコントロールすることができます。

　一方で、SNS広告は競合も多く、たとえばキービジュアルなどを配信するだけの企業色の強いものは他の広告に埋もれてしまったり、差別化がしにくかったりします。近年では、企業の公式メッセージよりも一般のユーザーがリアルに体験した感想を伝えるUGCを活用した広告のほうが好感を持たれやすいなど、その時々のトレンドによって工夫が必要になります。

　AIレコメンドの技術は日々進化しているため、今後は反応の良いユーザーにより的確に情報を届けられるようになるでしょう。なので、SNS広告も他のプロモーション施策と組み合わせ、タイミングと規模感（もちろん内容も）をしっかりと見定めて実施できると良いと思います。

※1

UGCとは?

　企業や組織ではなく、生活者であるユーザーにより制作・発信されるコンテンツのことをUGC（User Generated Contents）と言います。ポイントはユーザーが「自分の意思で投稿している」ということ。企業の意図を感じないUGCは「情報の信頼性が高い」「他のユーザーの行動転換を起こしやすい」「企業広告よりシェアしやすい」という特徴を持ちます。

● SNS アカウント運用

　SNSマーケティングの初手として「まずは、自社ブランドのSNS

図4 | 「公式アカウント重視型」失速POS

ブランドイメージを表現したコンテンツを
静止画、動画で作って発信だ！
フォロワー、増えろ！

公式アカウント
の発信が大事！

実は無風

| 発売前 | 発売時 | 発売後 |

公式アカウントのリーチは限定的。他の施策と併用することが大事

アカウントを作成して運用してみます」とおっしゃるマーケティング
担当者はとても多いです。中には上司から突然「若いんだから得意で
しょ？　とりあえずSNS担当になってくれない？」と依頼される方
もいます。

　ご自身でSNSアカウントを作成・運用したことがある方なら、フ
ォロワーを増やすこと、日々目新しいコンテンツを投稿し続けること
の大変さは身に染みてわかっているのではないでしょうか。SNSア
カウントを運用することは、とても大変なことです。かけた労力の割
にリターンが少なかった、という結論に至り、もう何ヵ月も更新が止
まっている、というのはよくある話です。

　ただ、もちろん得られるものもあります。高頻度で有益な情報を投
稿し続け、人気のアカウントになれば、投稿するだけで多くのユーザ
ーに情報を届けられますし、使い方によっては、商品だけでなくブラ
ンドそのもののファンを獲得でき、関連商品の売上を底上げしてくれ

図5 | SNSマーケティングの種類まとめ

手法	目的	注意点
インフルエンサーマーケティング	認知度UP・購買を促す	パートナー選びは「熱量」「質」も重視する
SNSキャンペーン	認知度UP・フォロワー数増加	商品理解を得られる他の施策と併用する
SNS広告（AD）配信	認知度UP・購買を促す・フォロワー数増加	キービジュアルよりUGCを活用して配信する
アカウント運用	認知度UP・ファンの獲得	継続できる環境とリソースが必須他の施策と併用して実施

る可能性も秘めているからです。

　またSNSアカウントの運用は、他のSNSマーケティング施策の受け皿ととらえ、他の施策と併用することでより効果に結びつきやすくなります。

戦略のないSNSマーケティングから卒業しよう

　ここまで、マーケティングの歴史や各SNSの特徴、SNSマーケティングの手法をご紹介してきました。先に述べた通り、SNSマーケティングについては、手法のいくつかをすでに試したことがある方もいるでしょう。しかし、

「目的に沿って施策を打ったつもりが、売上につながらない」

「フォロワーが増えたり、リポストで拡散されたり、SNS上の数値は動いたけれど店頭の数値はほぼ変わらない」

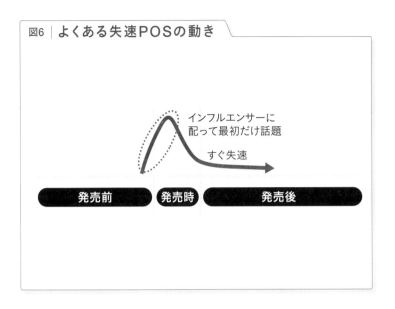

図6 | よくある失速POSの動き

インフルエンサーに
配って最初だけ話題

すぐ失速

発売前　発売時　発売後

　など、思ったような成果が得られず、その要因もわからず頭を抱え
ている方も少なくないのではないでしょうか。商品の発売時に大々的
にSNS施策を打ち、一時的に話題になったあと、すぐにその勢いが
失速……。まるで打ち上げ花火のように瞬間的に咲いて儚く消えてし
まい、結果として費用対効果が得られなかったと嘆く方を、私はたく
さん見てきました。

　なぜ、SNSマーケティングの手法と目的を理解しているだけでは
成果に結びつかないのでしょうか。なぜ、「バズコスメ」と呼ばれる
商品の多くは瞬間的な賑わいだけでなく、長い間売れ続けるのでしょ
うか。
　その答えにたどり着くための出発点は、まずSNSマーケティング
をどの程度の解像度でとらえているか、いわばあなた自身の「現在
地」を知ることです。以下に、結果が出づらいケースに共通する３つ

の要因を紹介します。ご自身に当てはまるものがあるか、考えながら読み進めていただければ幸いです。

1：SNSマーケティングについて深く理解していなかった

　1つ目から強い表現になってしまいますが、さまざまな方のお話を聞いていると、実際のところこのケースが最も多いと感じます。

　たとえばインフルエンサーマーケティングを実施しようとした場合に、とりあえずフォロワーが多い人から順番に声をかける（ギフティングする）、商品が発売されるタイミングだけ大々的に広告出稿する……。どのようなタイミングで、誰の言葉で、どこに向けてPRするのか。SNSの性質を理解しないままに実施することで、売り伸ばしのチャンスを逃してしまっています。

　さらにSNSのトレンドは、スピーディーに移り変わります。美容のアイテムにトレンドがあるように、SNS上でウケる文章や画像にも流行り廃りがあります。キャッチコピー、文字改行の仕方やフォント、画像コラージュなど、どれもが半年もたたずに一新されていくのです。SNSマーケティングの本質を知るためには、このようなトレンドを逐一キャッチアップする必要があります。

2：チームに美容×ＳＮＳに詳しい人がいない

　あなたの会社に「四六時中美容のことを考えていて、SNSで美容情報を収集したり発信したりすることが大好きです」という社員はどのくらいいるでしょうか。通常業務をしている中でSNSに夢中になっている社員がいたら、評価されるというよりむしろ注意されてしまうのではないでしょうか。

　"そもそも論"になってしまいますが、「SNSのトレンドに詳しく、かつ美容のトレンドにも詳しい人」が世の中にそれほど多くいませ

ん。なのであなたのチームに美容×SNSに詳しい人がいないのは当然のことなのです。しかしこれまで述べてきた通り、SNSのトレンドは日々大きく変化しています。それをリアルタイムでキャッチアップできないと、的外れな施策ばかり実施してしまう可能性が大きいのです。

3：美容×SNSマーケティングを学べる機会がない

　世の中にはマーケティングに関する書籍がたくさん存在しています。私もさまざまなものを読みましたが、美容×SNSマーケティングにおいては、それらの本で考え方や理論は学べてもいざ実践となるとうまくいきませんでした。

　あちこち探しても、「評判をいかに作り、その評判をいかに広げるか」「予算をどう分配し、SNSを中心としたマーケティング全体の効率をいかに最大化するか」といった私たちの課題にフォーカスしている教科書はどこにも見つけられなかったのです。

　世の中に教科書がないことに気づいた私たちは、自らメソッドを生み出すことに注力し、300点以上のバズコスメを分析しつつ、ユーザーの傾向についても徹底的に調査していく中で、ようやくメソッドと呼べる戦略を導き出すことができました。だからこそ、学びの機会も方法もない中で、美容×SNSマーケティングを成功に導くことがいかに難しいかを痛感しています。

　今はうまくいっていない方も、本書でSNSマーケティングの理解の解像度を上げて、戦略のないSNSマーケティングからの卒業を目指しましょう！

対談

本田哲也 × 中谷友里

消 費 者 心 理 を 正 し く と ら え 、
「 想 い 」 の 発 信 と 「 偶 然 性 」 の 演 出 を

対談相手プロフィール

本田哲也（ほんだてつや）
「世界でもっとも影響力のある PR プロフェッショナル 300 人」に PRWeek 誌により選出された日本を代表する PR 専門家。1999 年に世界最大規模の PR 会社フライシュマン・ヒラードに入社。2006 年、ブルーカレント・ジャパンを設立し代表に就任。2009 年に『戦略 PR』（アスキー新書）を上梓し、マーケティング業界に PR ブームを巻き起こす。P&G、ユニリーバ、サントリー、トヨタ、資生堂、ロッテ、味の素など国内外の企業との実績多数。2019 年より現職。世界最大の広告祭カンヌライオンズでは、公式スピーカーや審査員を務めた。『ナラティブカンパニー 企業を変革する「物語」の力』（東洋経済新報社）、『パーセプション 市場をつくる新発想』（日経 BP）など著作多数。

「情報収集が上手な人」と、
「わかった気になる人」の二極化が進む

中谷友里（以下、中谷）：PR 専門家として国内外で活躍されている本田哲也さんに、SNS 時代において企業やブランドはどのように生活者とコミュニケーションを取っていくのが良いかを伺っていきたい

と思います。

まずは、SNSがここまで世の中に浸透した現在、生活者の情報に対する感度はどのように変化したと感じますか。

本田哲也（以下、本田）：インターネットの普及で世の中に情報が溢れ、「情報洪水」「情報爆発」などと言われていた中で、SNSがそれをさらに加速させて「これ以上は要らない」という飽和状態まできたと思います。以前は、情報は多ければ多いほどありがたかったのが、今は溢れかえる情報の中から自分にとって何が必要か必要じゃないか、本物か本物でないかの「選別をしたい」という欲求が受け手側にあるように思います。

中谷：SNSでは誰をフォローするかを自ら選択することで、受け取る情報を選別することができますよね。

本田：そうですね。フォローして人とつながることで、自分が必要としていて、興味を持つ情報だけを取り入れる仕組みや環境を手に入れている。これは、ある種の「分断化」が起きている状態とも言えるでしょうね。

SNSの根底にあるのは人とのつながり、つまり「人間関係」なので、友人同士でつながったり、好きな有名人をフォローしたり、また逆にフォローしないことで分断が生まれます。情報そのものというよりも、人ベースで自分の触れられる情報を選んでいる状態ですね。あまりにも自分と価値観が合わない人はフォローからはずしたり、一度は

つながってもミュートに設定したりして自分にとって好ましくない情報はシャットアウトしている。友人との関係性など、人々の日々の生活の中に入り込んでいる SNS コミュニティの価値観が対企業にも反映されているイメージでしょうか。

中谷：確かに。誰かとつながれば情報もセットで流れてくるので、フォロワーが多いほうが良いという感覚、友達が多いほうが充実しているといった「数の至上主義」から転換期を迎えているように思います。

本田：そうです。ただ、自分にとって好ましい情報だけが効率良く手に入る環境というのは、「思ってもみなかった情報」に出会う機会が減ってしまうということでもあります。それは快適なことではありますが、一方で危険な部分もあると思います。興味関心がない情報は自動で選別されて、そもそも存在していないことになってしまうからです。

中谷：最近ではそうしたレコメンド機能が高度化して、自分で検索して調べるという人が減ってきていますね。ある意味思考停止のようになっている SNS ユーザーが一部いる一方で、うまく SNS を使いこなして情報をさばいているユーザーも存在します。

本田：情報に対して受け身の体制をより強めている人と、「アーリーアダプター」といわれるような感度が高い人の二極化が際立ってきていると思います。

中谷：美容においても、その人が持つ知識の量や、情報収集スキルによって大きく差が出てきていると思います。美容感度が高い人は、プラットフォームを使い分けるなどして自分が信頼できる情報を能動的に取りにいきます。でも、そうでない人は Instagram などでレコメンドされる広告や投稿で情報に触れるわけですが、それだけで「自分は美容の情報をしっかり収集できている」と思い込んでしまっている人もいます。この傾向は若い人のほうが深刻ですね。雑誌やブログなど美容の情報源が限られていた時代と違って、今は SNS を開けばすぐ、興味をそそられるような美容情報がたくさん飛び込んできますから。

本田：確かに、昔の美容好きは自分でお金を使って雑誌や商品を買って、合う・合わないを試していましたね。もっと生っぽいエクスペリエンスがあった。今は情報発信側の編集力が上がって、あからさまに広告と見えない広告が増えてきているからこそ「自分で体験した気になる」「わかった気になる」という人も増えているのでしょう。ここ10年くらいで「広告より PR」ということをみんなが学んできて、より自然な形で生活者に情報を渡す方法を進化させてきたとも言えるでしょうね。

中谷：私たちの施策でも「体験」に近いような、生っぽい情報を流すということを戦略的におこなっています。「こうやって使うんだ」「価格はこのくらいなんだ」というように、一歩踏み込んだ情報の出し方を心がけていますね。特にここ２、３年くらいコロナ禍を機にこういった情報が求められるようになりました。

ブランドの想いやパーパスを発信して
身近な存在に感じてもらう

中谷：ここまで世の中に情報が氾濫し、生活者もそれを回避する傾向にある中で、今後マーケターはどのような情報の打ち出し方をするべきとお考えですか。

本田：第一想起が大事、というのは相変わらずですが、一方通行的な広告で売り込むより「自分に関係のある情報」としてとらえてもらうことのほうが大事でしょうね。ただ、理屈はシンプルですが、それを実行するのは簡単ではありません。たとえば広告なら「広告主が言いたいことを発信する場」で、PRは「メディアや消費者などの第三者発信」などと定義づけして分けられていましたが、近年、その垣根はだんだんと曖昧になっています。ですから、こうした手法論で選択する意味はなくなってきていると思いますね。

中谷：そうなると、手法よりは「何を発信するか」ということになってきますね。

本田：そうですね。たとえば「私たちのブランドは、こういう人のために存在しています」とか「世の中のこういうことを大事にしています」という、いわゆるブランドパーパス（ブランドの存在意義）を伝えることで、ユーザーに「自分ごと」と思ってもらえるかどうか。もちろん、最終的には手法やメディア選択なども考えていくわけです

が、どこで発信していくかということと並行して、どんなストーリーで伝えるかということもとても大事になっています。

中谷：ブランドの想いやパーパスの発信と、商品そのものの魅力の発信のバランスが難しいところですよね。今はブランドの想いに共感してもらったり、親近感を持ってもらったりして、まずは身近な存在に感じてもらうことが重視されています。ただ、メーカーとしては「商品そのものの良さも伝えたい！」というジレンマもあるんですよね。このあたりはどのように考えるべきなのでしょうか。

本田：確かに難しい問題ですよね。私がマーケターに伝えるなら「Think big」というところでしょうか。単に自社の商品の魅力を伝えるだけでは小さな世界に収まってしまう。もっと大きく、広くとらえ、常に「新しい領域やカテゴリーを作るんだ！」という勢いとか、商品のパーパスを伝えていくぐらいの気概が必要だと思います。

中谷：そうですね。少し前までは、カテゴリーといえばたとえば「成分」などでしたが、成分訴求型の商品はここ数年で一気に増えたので、そこに何かプラスオンしなければ不十分となってきています。

本田：「既存の認識を変える」という発想のほうが、考えがいがありそうですね。みんながわかっている気になっているからこそ、「それは違いますよ」とか、「新しい習慣を作る」「今の習慣を見直す」というメッセージが効く。消費者のパーセプション（既存の認識）を変え

るようなアプローチが有効になってくるんじゃないかと思います。成分訴求よりも難易度が上がりますが。

中谷：「これまで正しいと思ってやっていたことが、実は正解じゃなかったんだ」という気づきや疑問から入って、それが機能や成分に着地するというのが今求められているアプローチかもしれませんね。

不変の消費者心理
「ばったり」を演出する

中谷：本田さんは著書『戦略PR　世の中を動かす新しい6つの法則』（ディスカヴァー・トゥエンティワン刊）の中で「偶然性（ばったり）を演出することが大切」ということを書かれていたと思います。消費者はなぜ偶然性を求めるのでしょうか。

本田：これに関しては単純に、「ずっと追いかけ回されるのは嫌」という人間の心理ですよね。また、何が自分にとって必要なのか実際のところはわからないから、その出会い方に意味を求めるというのもあるでしょう。「私が私らしく生きている毎日の中で、そこには素敵な人にあらわれてほしいし、良いお店にめぐりあいたい」。自然な形で出会えたものに価値や魅力を感じるという。マーケティングである限り、そこに企業側の狙いはあるわけですが、「偶然見つけた」と思われるほうが効果がある。この大原則は、この書籍を出版した6年前から今でも変わっていません。だからこそ、今は「ばったり」的な広告

が増えていますよね。

中谷：私たちも、いかに自然な形でユーザーの心に入り込めるかということは意識しているところです。ただ、情報もメディアもこれだけ増えた中で、「ばったり」を演出するのは難しくなっていますよね。

本田：そうですね。意図的に「ばったり」を演出するためには、まず相手の動線がわかっていないといけない。昔なら「OLの生活リズムはこう」「40代男性なら日経新聞を読んでいて ——」と、何百万人という単位で同じ行動をとっていたのが、今はみんなが違う道を通っている。スマホを通じた世界が自分の世界であり、みんなそれぞれ生きている世界が違うという、ある種の「メタバース状態」なわけです。ターゲティングの技術が進化しているとはいえ、広告出稿もPRの仕掛け方も、昔に比べて難易度が格段に上がっていると思います。

中谷：たとえば欧米の企業などは、そうしたPRのテクニックにも長けているように思えますが、どうでしょうか。

本田：欧米では話題にさせる方法がどんどん過激になっていて、見る人が見れば「炎上マーケティング」と思われるようなものも多いです。さすがに炎上マーケティングを推奨することはありませんが、でも、ちょっと「ドキッ」とさせることは大切だと思いますよ。みんながなかなか言語化できていないことを言ってあげられると、うまくいけば効果は大きいでしょう。その結果、賛否両論が生まれるのはある

程度はしょうがない。

中谷：偶然性の演出だけでなく、少し過激なアピールの仕方でこちらに注意を向けさせるというのもそれはそれで有効ということですね。ただ、なるべくリスクを取りたくないというブランドも少なくないと思います。

本田：そうですね。「リスクゼロでいきたい」と言われる企業も多いですが、私だったら「それなら諦めましょう」と伝えます。100％うまくいくというのはあり得ないわけで、賛否両論といっても結果的に8:2で賛成多数なら成功、くらいに考えるのがいいと思っています。

中谷：攻めた企画が賛否両論を生むというのはどの国でもあると思いますが、多少のリスクを取るというのが欧米では比較的受け入れられているということでしょうか。

本田：そこにきちんとしたメッセージが存在しているかどうかは重視されるところですね。たとえば、今年度のカンヌライオンズ（フランスのカンヌで開催される世界最大の広告際）のPR部門でグランプリを獲った、アメリカの「DoorDash」というフードデリバリー会社のアイデアがあります。これは地域の花屋と協力しておこなったキャンペーンで、バレンタインデーの日に単身女性がバラの花束を注文するとデリバリーしてくれるというものです。それだけでは特段おもしろいことはないのですが、実はこの花束の中には1つだけ、バラの形を

したアダルトグッズが混じっているんです。

中谷：それはなかなかチャレンジングなアイデアですね。そこにはどんなメッセージが込められているのでしょうか。

本田：DoorDash のユーザー属性に多い独身女性の「孤独」という問題に寄り添った企画です。男性から女性に花束を渡して愛を伝える日に、最も大切な「自分自身」を愛すること（セルフラブ）の必要性に気づいてほしいという呼びかけなんですね。このアイデアはユニークではありますが、かなり際どいラインですし、聞くだけで賛否両論は生まれやすいと感じると思います。しかし、独身女性の孤独や女性の性の解放は、アメリカにおける社会課題でもあったことから、多くの評価を得て、売上向上などの結果も出しています。日本で同じことをやれるかというと難しいところですが、1つの示唆を与えてくれる事例です。

中谷：なるほど、この事例は賛否両論が生まれたとしても好意的にとらえる人が多かったから成功したということですよね。日本で参考にしようと考えたときに、無理に社会課題につなげる必要はないと思いますが、今、人々が潜在的に抱えている不安やひっかかっているところに焦点を当てるのは大事かもしれません。

本田：社会性というのは、違った言い方をすれば「自分以外のことも考えている」という意味があって、だからご近所レベルでもいいと思

います。まずは「ユーザーの家族にもこうなってほしい」「現代の女性はこんなことを気にしているはず」など、そのくらいの範囲でいいので、社会的なメッセージを組み込んだコミュニケーションをしていくことが求められてくるのかもしれませんね。

CHAPTER 2

SNS時代の
ユーザー分析

美容に対する価値観はどう変化してきた？

　SNSを活用した美容マーケティングを成功に導くためには、美容に対する生活者の価値観を理解する必要があります。

　そこでまずは「美容の価値観の変化」について、過去10年間の変遷をたどってみましょう。

　2010年代前半、美容の価値観のキーワードは「モテ」でした。リーマンショックや東日本大震災の影響からか、人々の安定志向が高まり「婚活ブーム」が到来。ファッションやメイクでも男性からの視点を意識して"愛され力"を追求する女性が増えました。多くの美容誌やファッション誌で「モテコーデ」「モテメイク」などの特集が組まれ、かわいらしいスタイルやナチュラルなメイクがトレンドに。美容は自分のためというより、誰かの視点から自分をより良く見せるためのものととらえられていました。

　2010年代後半になると、SNSが急速に普及したことで美容の価値観に大きな変化が生まれました。多くの美容情報がSNSを通して「体験者の口コミ」として発信され始めたことで、生活者がより身近でリアルな美容情報を収集できるようになりました。これにより、女性たちはこれまでのメーカーやマスメディアからの「一方的な情報」だけでなく、実際に商品を使った体験者からの「多面的な情報」に触れるようになり、これまで以上に「自分に合った商品」を選別しようという意識が高まるようになります。

　そしてSNSの普及による一番の変化は、女性たちの憧れの対象が芸能人やモデルだけでなく、SNSで多くのフォロワーを抱え支持を

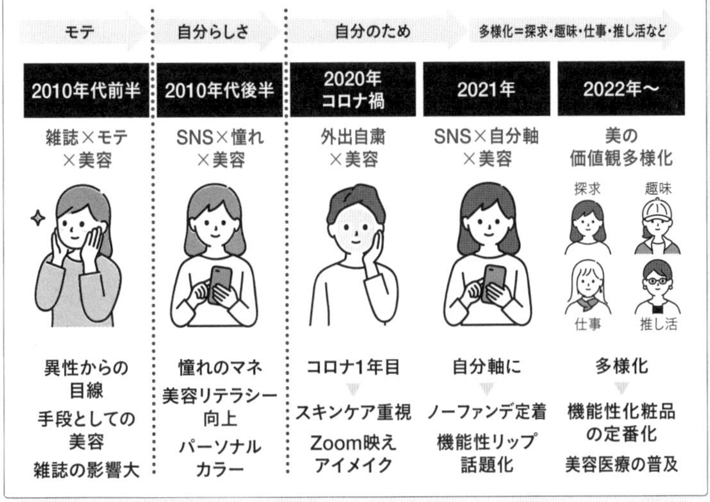

図7 | 美容の価値観の変化（2010年代〜）

モテ	自分らしさ	自分のため	多様化=探求・趣味・仕事・推し活など

2010年代前半	2010年代後半	2020年 コロナ禍	2021年	2022年〜
雑誌×モテ ×美容	SNS×憧れ ×美容	外出自粛 ×美容	SNS×自分軸 ×美容	美の 価値観多様化
				探求　趣味　仕事　推し活
異性からの 目線 手段としての 美容 雑誌の影響大	憧れのマネ 美容リテラシー 向上 パーソナル カラー	コロナ1年目 スキンケア重視 Zoom映え アイメイク	自分軸に ノーファンデ定着 機能性リップ 話題化	多様化 機能性化粧品 の定番化 美容医療の普及

集める「インフルエンサー」にまで広がったことでしょう。親しみやすく価値観の合う人をフォローし、そのライフスタイルや美容法、使用しているアイテムなどをマネすることで、「なりたい自分」に近づく術を手に入れるようになったのです。

　この頃から、トレンドや人気色にとらわれず、その人が持って生まれたボディカラー（肌の色、瞳の色、髪の色など）をもとにそれぞれに似合う色を診断する「パーソナルカラー診断」も流行していきます。「美容の正解は1つではない」「自分らしさを活かしてキレイになりたい」というように、美容の価値観が多様化していったのです。

「誰かのため（モテ軸）」ではなく「自分のため（自分軸）」の美容。このような美容の価値観の変化に最大の影響をもたらした外的要因は、先に述べたSNSの普及といえます。そして、その流れを後押しすることになったのが、2019年末に突如として世界を襲った新型コ

ロナウイルスのパンデミックです。

　外出の自粛により家で過ごす時間が増え、SNSの利用頻度や利用時間が増えたことで、SNSの影響力がより強くなっていきました。コロナ禍により、百貨店やバラエティストアの店頭では感染拡大予防のために化粧品のテスター利用が制限され、商品を実際に試すことができなくなりました。すると、SNS上の口コミを参考にする人がさらに増え、発信する側も「全色レビュー」といったより詳細な口コミ情報を投稿するようになりました。リアルタイムで動画を配信する「ライブ配信」が広まり、自らのスキンケアやメイクのプロセスの様子をそのまま配信する人が増えたのも、コロナの影響といえます。

　このように、コロナ禍を経てSNSが人々の生活により浸透したことで、「自分のため」の美容という価値観が定着し、それによって美容商材の選び方も多様化が進みました。生活者が誰かのマネだけではなく、自分の意志で自分に必要な美容商品を選ぶようになったことで、「プチプラコスメを買うのは女子大学生」「デパコスは富裕層のもの」といった一律的なターゲットの考え方は当てはまらなくなりました。

　美容マーケティングにおいては、もはやかつてのように世代や職業・可処分所得などの属性だけで戦略設計をおこなうのは、困難になってきたのです。

ＳＮＳ時代のターゲットは３つ

　MimiTVの調査によると、15歳〜44歳の女性が美容情報を入手する先としては、SNSが最も多くなっています。全世代に共通して、Instagram、YouTube、Ｘの順に美容情報の収集先として活用されて

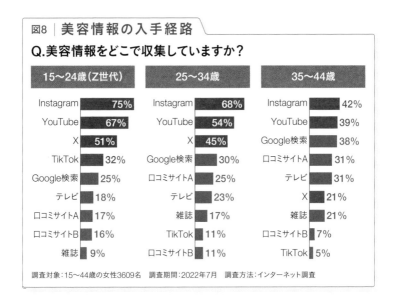

図8 | 美容情報の入手経路

Q.美容情報をどこで収集していますか?

15〜24歳(Z世代)		25〜34歳		35〜44歳	
Instagram	75%	Instagram	68%	Instagram	42%
YouTube	67%	YouTube	54%	YouTube	39%
X	51%	X	45%	Google検索	38%
TikTok	32%	Google検索	30%	口コミサイトA	31%
Google検索	25%	口コミサイトA	25%	テレビ	31%
テレビ	18%	テレビ	23%	X	21%
口コミサイトA	17%	雑誌	17%	雑誌	21%
口コミサイトB	16%	TikTok	11%	口コミサイトB	7%
雑誌	9%	口コミサイトB	11%	TikTok	5%

調査対象:15〜44歳の女性3609名　調査期間:2022年7月　調査方法:インターネット調査

いることがわかります(図8)。

　一方で、この調査データのような年代とプラットフォームの情報だけでは「どんな特性の人がどんな目的で、どんな投稿を見ているのか」といった詳細までは把握しきれません。美容の価値観の多様化と同様に、SNSの活用方法も多様化が進んでいます。美容マーケティングにおいては「みんながSNSを見ているからSNSを使う」というだけではなく、生活者のインサイト(人を動かす隠れた心理)を深掘りした上で、解像度をさらに上げていく必要があります。

　では、どうすれば生活者のインサイトを的確に把握することができるのでしょうか。その前提として必要になる概念が、美容ユーザーのターゲット分類です。従来であれば、美容商材のターゲットカテゴリは「20代」「40〜50代」といったように世代で分類するのが一般的でした。しかし生活者の美容の価値観が多様化している今、そして私

たちが日々多くの美容ユーザーとコミュニケーションをとる中で得た実感としても、年代でひとくくりにするのは実態に合いません。

そこで私たちが取り入れたのが、「美容感度」というものさしです。
美容に関するモチベーションや情報収集・発信力などから、生活者を下記の3つに分類しました。

美容オタク　：美容に対するモチベーションが特に高く、能動的に美容情報を収集＆発信している

美容ミーハー：美容・食・服・音楽など、美容に限定せずトレンド情報を総合的にチェックしている

美容マス　　：美容商材に対するこだわりは弱く、人気商品や定番品を利用する

図9 | 美容感度によるターゲット3分類

美容オタク	美容ミーハー	美容マス
「早く知りたい、早く試したい！」美容モチベーションが高く能動的に美容情報を収集＆発信する人	「トレンドを取り入れたい」美容・食・服・音楽などのトレンドをチェックし、理想のライフスタイルに近づきたい人	「失敗したくない」日常的にメイクはおこなうがこだわりが弱く、人気品・定番品を利用している人

図10 | 半数近くが「美容マス層」という判定に

15%
美容オタク
美容モチベーションが高く
能動的に美容情報を収集＆発信する人

34%
美容ミーハー
美容・食・服・音楽などのトレンドをチェックし、
理想のライフスタイルに近づきたい人

51%
美容マス
日常的にメイクはおこなうがこだわりが弱く、
人気品・定番品を利用している人

　そしてMimiTVが美容情報に対するアクションについて15〜44歳の女性3607名を対象にインターネット調査をおこない、その結果をもとに対象者を分類したところ、「美容オタク」が全体の15%、「美容ミーハー」が34%、「美容マス」が51%という結果になりました。

　この調査結果をご覧になって、「最も多い『美容マス層』にアプローチしよう」と思った方もいらっしゃるかもしれません。しかし、SNSマーケティングはそう簡単ではありません。SNSにおける商品の評判やトレンドを形成していくのに、どの層がどんなプラットフォームでどんな影響を与えているのか、それを見極めた上でアプローチするターゲットを絞り込む必要があります。

美容マーケティングのイノベーター理論

　美容感度による3分類は、それぞれどのような相関関係にあるのでしょうか。

　マーケティング業界にいる方は、「イノベーター理論」という言葉を一度は耳にしたことがあると思います。スタンフォード大学のエベレット・M・ロジャーズ教授が『イノベーション普及学』という著書の中で1962年に提唱した理論で、新しい製品やサービスが登場したとき、リリース直後から急速に普及するケースは稀で、はじめは「新しいものを積極的に試したい」と思っているユーザー層（イノベーター）から段階的にその他のユーザー層へと浸透・普及していくという

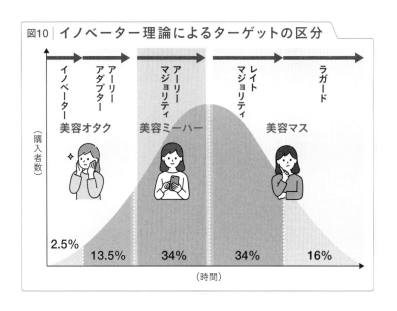

図10 ｜ イノベーター理論によるターゲットの区分

イノベーター　美容オタク　2.5%
アーリーアダプター　13.5%
アーリーマジョリティ　美容ミーハー　34%
レイトマジョリティ　美容マス　34%
ラガード　16%

（購入者数）

（時間）

考え方を示したものです。

　ところでこの「イノベーター理論」、知っていても「最近は耳にしない」という方も多いのではないでしょうか。それは、生活者の志向性が多様化するにつれ、「あらゆるジャンルにおけるイノベーター」がほとんど存在しなくなったためです。ところがこと「美容」にジャンルを限定すると、私たちが定義する美容感度による3分類における情報流通に「イノベーター理論」が当てはまります。

　流れとしては、新商品が発売された際に、まずは「美容オタク」が発売前もしくは発売直後に情報をキャッチし、新商品を予約するなどしていち早く購入。そしてそれらの商品を自ら試し、商品の特徴や使用感を口コミとしてSNSで発信します。その後、それらの情報に触れたトレンド好きの「美容ミーハー」が商品を試し、SNSで情報発信。そうして話題になった商品が定番化し人気が定着した頃、「美容マス」に商品情報が届くという流れです。

　この流れをもとに考えると、「美容マス層」に情報を届けたい場合であっても、SNS上で話題化するためにまずアプローチしなくてはいけないのは15%の「美容オタク」ということになります。

Xから最先端を
キャッチする美容オタク層

　ここからは、「美容オタク」「美容ミーハー」「美容マス」それぞれのインサイトとSNSの利用状況を深掘りすることで、さらに理解を深めていきます。

　まずは最も美容感度が高い「美容オタク」です。スキンケア・メイク・ヘアケア・ボディケアなどジャンルを問わず美容に関する情報にとにかく目がなく、常に「色々試したい！」「新しいものに挑戦したい！」という開拓マインドに溢れています。SNSでは常に最新の美容情報をチェックし、店頭にも足しげく通い、可処分所得の多くを美容商品の購入に費やすという人も少なくありません。同じシリーズの

図12 | 美容オタク詳細

	美容の情報源	美容関連行動	購入時の脳内	特徴
美容オタク	Instagram 70% YouTube 62% X 57% Google 42% テレビ 35% 雑誌 24% TikTok 25% 口コミサイトA 24% 口コミサイトB 17%	美容が好き 71% 好きなブランドがある 45% 週1以上美容情報見る 43% 新作情報を見る 39% 成分まで見る 27% 毎月化粧品を購入 27% SNSで美容情報を発信 18%	○○すぎて ヤバいらしい！ ○○の 新作試して みたい！ ○○を 買いに 店頭に行く！	・美容は趣味、実験 ・1カテゴリー複数アイテム ・話題だったら、買う ・実験的＝試してみたい！ ・ニーズ：最新、差別化、成分
	Xの 美容専用垢で 新作情報・ バズをチェック	購入前は ネガまでチェック 「商品名　色名」 で検索	Instagramで 画像チェック 能動的にも 検索もする	美容＝趣味・実験 「限定」「品切れ」に弱い 1カテゴリーで 複数アイテム所有 するのは当たり前

SNS投稿
モチベーション
投稿する人は18%
①メモしておきたい！
②高まったテンションを吐き出したい！　騒ぎたい！
③フォロワーを増やしたい
④いち早く投稿して「いいね！」が欲しい

アイテムを色違いで何点も所有する、というのも美容オタクにとっては日常茶飯事。「自分のおすすめ商品をみんなに知ってほしい」「みんなの役に立ちたい」という思いから、SNSでの美容情報の発信にも非常に積極的です。

　あらゆるSNSプラットフォームを使いこなす「美容オタク」ですが、中でも愛用するSNSプラットフォームがXです。美容オタクがXを好んで活用する理由は大きく３つあります。

　１つ目は「本音のプラットフォーム」であることです。Xは匿名性が高いこともあり、SNSの中でも「建前」より「本音」が好まれるプラットフォームです。そのため美容商品の評価においても、良いことだけではなく辛辣な意見も発信しやすく、情報の受け取り手としてはより信ぴょう性が高いと言えます。

　２つ目は「検索機能の使いやすさ」です。美容オタクは美容情報を検索する際、Googleなどの検索エンジンよりもSNSをフル活用する傾向にありますが、中でも使いやすい検索機能があるのがXなのです。たとえばInstagramでは複数のハッシュタグで検索することができませんが、Xでは「#赤リップ #ブルベ」「#化粧水 #敏感肌」といった複数ワードによる検索が可能です。これにより、美容オタクならではの細かいニーズにも対応し、的確に欲しい情報を収集することができるのです。

　３つ目はそもそもXが「オタク向けのプラットフォーム」であるという点です。Xはその匿名性からかねてより趣味専用のアカウント、通称「趣味垢」を作るという特有のカルチャーが存在しています。人によっては趣味ごとにいくつもアカウントを持ち、専用アカウントならではのニッチな情報を発信・収集することで、同じ趣味を持つ人同

士のコミュニティを築いていきます。「美容オタク」も同様に、美容情報専門のアカウント「美容垢」を作り、美容情報を発信・収集しています。

　ちなみに一口に「美容垢」といってもスタンスや発信内容はさまざまで、大きく３つに分類されます。

　まず１つ目は美容家やモデルなど、美容領域において影響力を持つ著名人が実名で運営するアカウント。２つ目がメディアやインフルエンサーなど、誰かが発信した内容をまとめたり要約したりして投稿する「転載系」。そして最近影響力を増しているのが、３つ目の素性は公開せずに匿名で発信する「覆面系」です。

　美容商品がSNSでいわゆる「バズる」状態になるとき、これらの「美容垢」の投稿が起点になっていることが多くあります。そしてその投稿内容には、魅力がダイレクトに伝わりやすいキャッチーなワードが使われており、これらは商品のプロモーションや販促のヒントになります。中でも多いパターンは「プチプラなのに超優秀！」「ティントじゃないのに落ちないリップ見つけた！」といったように「〇〇なのに××」という“ギャップ”にフォーカスしたものです。それにより情報に触れた人がつい人に伝えたくなり、拡散されていくのです。

　実際、最近SNSで話題となった某日焼け止めブランドの商品を例にとっても、日焼け止め“なのに”チークの機能があるというギャップと意外性が、さまざまなキャッチーな表現を生み出し、「バズ」を巻き起こしていきました。

　このように、美容オタクたちの熱量と発信力、そして「美容垢」の存在は、美容商材のSNSマーケティングにおいて欠かせないものとなっています。

一方で、美容オタクたちの独特の文脈は、美容オタク以外の人が理解するにはなかなか難しいものがあります。ですから、まずはXでいくつかの「美容垢」をフォローして、それらの投稿を閲覧してみることをおすすめします。美容オタクならではの視点や熱量が垣間見え、彼女たちのインサイトに触れることができるかもしれません。

Instagramでトレンドを
キャッチする美容ミーハー層

失敗はしたくないし自分に似合うものをきちんと選びたい。だけどトレンドには乗り遅れたくない。そんなマインドを持っているのが「美容ミーハー」です。

SNSは日常的にチェックしていますが、美容オタクとの大きな違いはその目的。「誰よりも早く情報をキャッチし、みんなに伝えたい」という美容オタクとは異なり、SNSでの情報収集はあくまで「自分に合った商品を見つけるため」。もっと言うと、「自分の生活を豊かにするため」なのです。

また、美容ミーハーは美容オタクに比べ、グルメやファッション、旅行など、美容以外のものにも同じくらいの可処分時間や可処分所得

図13 | 美容ミーハー詳細

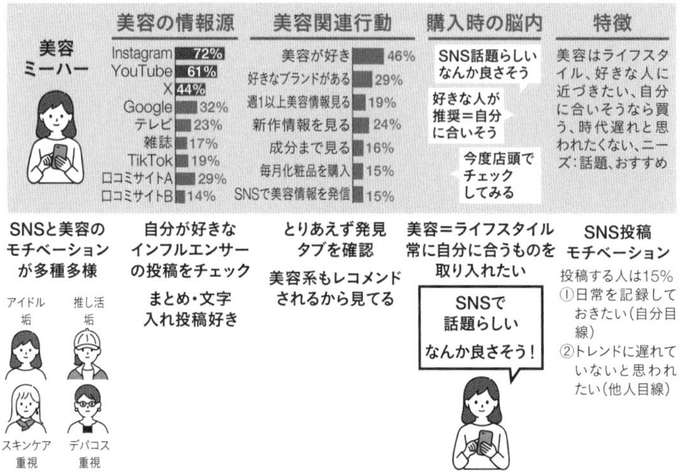

美容ミーハー

美容の情報源
- Instagram 72%
- YouTube 61%
- X 44%
- Google 32%
- テレビ 23%
- 雑誌 17%
- TikTok 19%
- 口コミサイトA 29%
- 口コミサイトB 14%

美容関連行動
- 美容が好き 46%
- 好きなブランドがある 29%
- 週1以上美容情報見る 19%
- 新作情報を見る 24%
- 成分まで見る 16%
- 毎月化粧品を購入 15%
- SNSで美容情報を発信 15%

購入時の脳内
SNS話題らしいなんか良さそう
→ 好きな人が推奨＝自分に合いそう
→ 今度店頭でチェックしてみる

特徴
美容はライフスタイル、好きな人に近づきたい、自分に合いそうなら買う、時代遅れと思われたくない、ニーズ：話題、おすすめ

SNSと美容のモチベーションが多種多様
- アイドル垢
- 推し活垢
- スキンケア重視
- デパコス重視

自分が好きなインフルエンサーの投稿をチェック
まとめ・文字入れ投稿好き

とりあえず発見タブを確認
美容系もレコメンドされるから見てる

美容＝ライフスタイル常に自分に合うものを取り入れたい
SNSで話題らしいなんか良さそう！

SNS投稿モチベーション
投稿する人は15%
①日常を記録しておきたい（自分目線）
②トレンドに遅れていないと思われたい（他人目線）

を割く傾向にあります。だからこそ失敗しないよう、また少しでもコスパの良いものを購入できるよう、念入りに情報収集し、比較検討をするのです。

　美容ミーハーの美容情報源として最も使われているのがInstagramです。中でも一目で情報が伝わる「文字入れ投稿」や「まとめ投稿」が好まれる傾向にあります。Instagramの「発見タブ」をまめに確認し、そこでレコメンドされる情報から美容トレンドをキャッチしています。

　一方で、SNSに投稿するモチベーションは、美容オタクのように「誰かに情報を知らせたい」というよりは自分の日常の記録として、また自分がトレンドにのっていることのアピールをしたいという目的もあります。そのため商品の詳細情報や具体的な使用感というよりは、購入記録のような日記風投稿が多く見られます。

　美容ミーハーはトレンドを意識した購買行動をおこなうため、"誰か一人"の有名人やインフルエンサーによる情報発信だけではなく、複数人から発信された情報に複数回、複数箇所で接触させることで、"みんなが話題にしている"という状態を作り上げることが重要となります。たとえば広告配信であれば、さまざまなプラットフォームで複数回、そしてリールやストーリーズなど複数の面で情報に接触させていくような工夫が必要です。

レコメンドで"なんとなく"動く美容マス層

　美容感度が高くない「美容マス」にとって、美容商品とは生活の中に溢れる消費財[※2] の1つです。美容オタクのように「好きだから必要なくても買っています」ということではなく、美容ミーハーのように「トレンドだから買ってみる」ということでもなく、日常生活を送る中で「必要だから買う」「なくなったから買う」というのが美容マスです。

　そのため美容オタクや美容ミーハーに比べ、いわゆる「ブランドスイッチ」（今まで使っていた商品を、何かのきっかけで他のブランドに変えること）の機会が少なく、ハードルが高いターゲットと言えます。またブランドスイッチをおこなう際も、一時的に話題になってい

図14 | 美容マス詳細

	美容の情報源	美容関連行動	購入時の脳内	特徴
美容マス	Instagram 49% YouTube 42% X 28% Google 30% テレビ 24% 雑誌 11% TikTok 10% 口コミサイトA 16% 口コミサイトB 5%	美容が好き 6% 好きなブランドがある 7% 週1以上美容情報見る 2% 新作情報を見る 2% 成分から見る 5% 毎月化粧品を購入 3% SNSで美容情報を発信 2%	○○といえば○○ 人気、定番らしい これ選んで おけば失敗 しなさそう あ、これはSNS で見たやつだ	美容は日用品、1 カテゴリー1アイ テム、使い切った ら買う、保守的＝ 失敗したくない、 ニーズ：コスパ、定 番、安心
美容以外の 趣味があり それをSNSで チェック たまたま美容 コンテンツが 目に入る	趣味の情報収集 か友達の ストーリーを確認 美容情報に 触れる機会が 少ない	何をフォローして いいかわからないが、 発見タブで 色々見るのは好き	美容＝日用品 日常的にメイクはするが、 こだわりは少ない 使い切らない限り 次を買わない	SNS投稿 モチベーション 投稿する人は2% ほとんど投稿しない

美容以外
の趣味で
SNS
見てる

これを選んでおけば
失敗しなさそう

るものに飛びつくのではなく、長く安心して使える商品として人気が定着し、定番化している商品など、多くの人の支持を集めているようなものを選ぶ傾向にあります。

　他の層も同様ですが、「オタク」「ミーハー」「マス」という分類はあくまで美容情報の感度に限った話であり、他のジャンルにおいても同じ情報感度とは限りません。美容マスはあくまで「美容に関する情報感度が"マス"」であるだけで、アイドル情報については誰よりも詳しい「アイドルオタク」かもしれませんし、ファッション命の「ファッションオタク」かもしれません。ですからSNSも活用していますし、自ら情報発信する人ももちろんいます。そして、その中で流れてくる美容情報に触れることもあります。しかし、美容情報を能動的に取りにいくことはありません。そのため美容マス層に情報接触を図るためには、SNS広告が有効になります。CHAPTER1で紹介したように、SNS広告は自社アカウントのフォロワーでなくても、能動的に情報を収集しない（検索しない）ターゲットであっても、伝えたい情報を届けることができるというメリットがあります。
　また、広告クリエイティブにおいては「多くの人に支持されている定番品」であることなど、「これを選んでおけば失敗しなさそう」と思ってもらえる訴求の仕方をする必要があります。「〇〇ランキングで1位」といった広告表現が非常に有効なのもこの層です。

〈※2〉消費財：自分もしくは家族が消費する目的で購入する製品

世代だけでSNSプラットフォームを
決めつけない

ぜひ理解していただきたいのは、SNSプラットフォームの使われ方はひとくくりにできるものではないということです。考えてみれば当然なのですが、「学生はTikTok」「20代女性はInstagram」などと世代や属性で決めつけてしまうことは、マーケティング活動をおこなう上でとても危険なことです。その決めつけのもとで施策を遂行することで、あなたのビジネスにおいて大きな損失を招きかねません。

たとえば私たちのもとには、「若年層にアプローチしたいので、TikTokでバズらせたい」といったようなご要望がたくさん届きます。

確かにTikTokは人気になり始めた当初、中高生がダンス動画を中心に投稿していたため、今でも若年層向けというイメージを強く持っている方も多いでしょう。しかし、若年層もInstagramやYouTube、Xなど他のSNSも日常的に活用していますし、先述した美容情報の入手経路の調査結果を見ても美容の情報収集源としてそれらが上位を占めていることがわかっています。ゆえに、若年層を狙いたいからTikTokのプラットフォームに重点的にコストを投じてプロモーションしよう、と結論づけることは避けるべきなのです。

マーケティングに活用するSNSプラットフォームを選定する際は、この章で解説してきたように、世代だけでなく美容感度などさまざまな要素を考慮し、情報をどこからどのように流通させるかを細かく設計する必要があるのです。

図15 | 美容感度×メディア接触

Q.美容情報をどこで収集していますか？

美容オタク

15〜24歳（Z世代）
世代内訳19%

Instagram	78%
YouTube	73%
X	65%
Google	29%
テレビ	24%
雑誌	13%
TikTok	38%
口コミサイトA	21%
口コミサイトB	22%

25〜34歳
世代内訳15%

Instagram	70%
YouTube	65%
X	62%
Google	31%
テレビ	24%
雑誌	22%
TikTok	15%
口コミサイトA	34%
口コミサイトB	21%

35〜44歳
世代内訳13%

Instagram	65%
YouTube	57%
X	50%
Google	40%
テレビ	29%
雑誌	33%
TikTok	16%
口コミサイトA	45%
口コミサイトB	24%

美容ミーハー

15〜24歳（Z世代）
世代内訳38%

Instagram	79%
YouTube	70%
X	50%
Google	25%
テレビ	17%
雑誌	10%
TikTok	34%
口コミサイトA	20%
口コミサイトB	19%

25〜34歳
世代内訳34%

Instagram	75%
YouTube	57%
X	48%
Google	33%
テレビ	25%
雑誌	20%
TikTok	13%
口コミサイトA	33%
口コミサイトB	12%

35〜44歳
世代内訳29%

Instagram	69%
YouTube	50%
X	35%
Google	39%
テレビ	29%
雑誌	23%
TikTok	7%
口コミサイトA	37%
口コミサイトB	10%

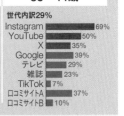

美容マス

15〜24歳（Z世代）
世代内訳43%

Instagram	46%
YouTube	39%
X	33%
Google	19%
テレビ	14%
雑誌	5%
TikTok	16%
口コミサイトA	4%
口コミサイトB	8%

25〜34歳
世代内訳51%

Instagram	43%
YouTube	30%
X	24%
Google	23%
テレビ	17%
雑誌	9%
TikTok	3%
口コミサイトA	10%
口コミサイトB	3%

35〜44歳
世代内訳59%

Instagram	33%
YouTube	28%
X	18%
Google	28%
テレビ	20%
雑誌	12%
TikTok	3%
口コミサイトA	15%
口コミサイトB	2%

調査対象：15〜44歳の女性3607名
調査期間：2022年7月
調査方法：マーケティングアプリケーションズを利用したインターネット調査

- 美容情報の収集源は全世代に共通して SNS が一番多い。
- 美容マーケティングのターゲットは世代だけでなく美容感度で分類。
- 新商品は美容オタク→美容ミーハー→美容マスの順に浸透・普及していく。
- 「美容オタク」が愛用する SNS は X。
- 「美容ミーハー」の美容の情報収集源は Instagram。アプローチするにはトレンド感の醸成が不可決。トレンドに入れば購買につながる可能性が高い。
- 美容情報に受動的な「美容マス」に情報接触させるためには SNS 広告を活用する。

対 談

吉田朱里 ╳ 中谷友里

ファンを惹きつけ、
信頼されるブランドづくりとは

対談相手プロフィール

吉田朱里（よしだあかり）

1996 年生まれ、大阪府出身。愛称はアカリン。2010 年より NMB48 一期生として活動し、2020 年 12 月に卒業。2016 年に " 美容系 YouTuber" としてチャンネルを開設。ヘアアレンジやメイクテクニックを解説する「# アカリンの女子力動画」は登録者数約 95 万人を誇り、2018 年からは『Ray』専属モデルとしても活躍中。2019 年には自身がプロデュースするコスメブランド「b idol」を立ち上げた。同ブランドの「つやぷるリップ」は発売 3 ヵ月で 50 万本、累計 150 万本突破し「バズコスメ！」として紹介されるなど幅広い世代から「等身大の美容アイコン」として注目を集めている。

手探りで始めたメイク投稿から
美容系YouTuberの道へ

中谷友里（以下、中谷）：吉田さんとは、MimiTV のイベントに登壇いただいたこともあり、お仕事でご一緒する機会が多いのですが、対談という形ははじめてですね。YouTuber、プロデューサー、ファッションモデル、テレビタレントなど、いくつもの顔をお持ちで、多岐

にわたって活躍されている吉田さんに、今回は SNS を通じたファンとの関わり方、インフルエンサーとしてのポリシー、ブランドづくりについてお伺いできればと思います。まずは、YouTube で動画を配信しようと思ったきっかけを教えてください。

吉田朱里（以下、吉田）：アイドルになって 6 年目の頃、後輩メンバーも増えてくる中で、自分の武器を見つけたいと思うようになりました。でも、なかなかコレというものがなくて、一度、アイドルになる前に抱いていた夢に改めて向き合ってみようと考えました。それがモデルのお仕事です。モデルとして活躍するために、どうすれば同性にも応援してもらえるようになるかを考えました。そこで、私自身がもともと大好きだったメイクや美容をテーマにして、SNS で投稿しようと思ったんです。まずは私が愛用しているコスメを Instagram で紹介することから始めました。

中谷：最初の SNS 投稿は Instagram だったんですね。

吉田：はい。その後、「動画で投稿したらもっとわかりやすいかも」と思って、仕事が休みの日に巻き髪のアレンジ動画をスマホで撮って、それを編集して X（旧：Twitter）にアップしました。当時（2015年頃）はまだ SNS にメイク動画の投稿がほとんどない時代だったので、すごく反響がありました。でも、その頃の X は最長で30秒の動画しかアップできなくて。
「もっと見たい！」という声もいただき、なんとかできないかなと探

しているときに YouTube にたどり着きました。

中谷：それが今のチャンネル「# アカリンの女子力動画」の始まりなんですね。

吉田：あまり使ったことのなかった PC やカメラをなんとか使ってみて、1本目の動画ができあがったのが2015年の10月頃だったかな。完成までに2週間くらいかかりました（笑）。そこから翌年2月にチャンネルを立ち上げて、今に至ります。

情報収集のメインは店舗
SNSは常にチェックを欠かさない

中谷：吉田さんは一定のペースで投稿を続けていますよね。私が運営している MimiTV も毎日投稿をおこなっているのですが、吉田さんの場合は投稿を続けるモチベーションはどこにありますか？

吉田：一番は、メイクが好きだということ。もともと少し飽き性なところがあって、「ここまで（美容が）仕事になったら嫌いになるかも」と心配していたのですが、ずっと好きなままですね。メイクは勉強すればするほど、自分が垢抜けていくんです。結果がすべて自分に返ってくることが目に見えてわかるから、楽しくて続けられるのだと思います。

中谷：YouTube を始めてから女性ファンが増えましたよね。

吉田：始めた当初の視聴者は、NMB48時代の女性ファンがほとんどでした。でも、継続するうちにアイドルとしての私を知らなくてもメイクを参考にしてくれる人が増えてきたんです。これまで総選挙や握手会でがんばるしか方法がなかったのが、「こういう形でも応援してくれる人って増えるんだ！」と視野が広がりました。本当に、YouTube がきっかけで人生が変わったと思います。

中谷：普段、美容情報はどこから入手されることが多いですか？

吉田：店舗に直接足を運ぶことはとても大事だと思っています。多いときは週に5回、少なくとも週に1回はドラッグストアやデパート、バラエティストアなどを覗きます。スーパーに食材を買いに行くような感覚で、日常の1つになっていますね。

中谷：私もドラッグストアやデパートの視察が毎日レベルのルーティーンになっています。日々見ていると、「棚が変わった」「POP が追加されている」といった細かい変化にも気づくことができます。
私たちは美容オタクの分類になると思いますが、吉田さんは SNS をどの程度使って情報収集していますか？

吉田：かなり使っているほうだと思います。X では、何もつぶやかない情報収集用のアカウントを持っていて、そこでさまざまな美容アカ

ウントをフォローしています。Xは匿名で顔を出していない人も多くて、PR案件や広告ではない"木物感"の強い情報が多い気がします。あとは、Instagramもよく見ます。お風呂に入りながら、寝る前、起きてすぐなど、ちょっとでも時間があればチェックしている感じです。好きなものを見ているので、仕事という感覚はあまりなく、楽しんで情報収集しています。

中谷：たとえば、新しい化粧品が欲しいとき、私の場合はSNSで情報収集してリサーチついでに店舗で購入する、というようにSNSと店舗の掛け算をしているのですが、吉田さんはどのようなアクションをとられるのでしょうか？

吉田：やっぱりまずは店舗に行きます。在庫が少ないものを見つけると「売れているんだ」と思ってとりあえず買っちゃう。テスターは試さず、とにかく買って自分で使ってみた感想を動画にします。

中谷：オタクのお手本のような買い方ですね（笑）。

開発の「舞台裏」を見せるのも
戦略の1つ

中谷：プロデュースされているコスメブランド「b idol」の製品開発には、ご自身のフォロワーさんからのコメントや、美容感度の高い方の投稿を参考にされているのですか？

吉田：美容インフルエンサーの投稿はあまり意識していません。その
ときかわいいと思ったもの、ちょっと流行らせたいと思ったものな
ど、とにかく自分の "ときめき" を一番大切にしています。

でも、ユーザーレビューはこまめにチェックしますね。たとえば「ア
イライナーの筆が硬くて使いにくかった」というコメントがあった
ら、次のリニューアルで柔らかくするとか、ここがダメみたいなポイ
ントは改善につなげられるように意識しています。

中谷：「b idol」の代表的な商品「つやぷるリップ」のリニューアル
で、人気カラーのファン投票をしていた企画は、おもしろいなと思い
ました。ファンを巻き込もうと思ったきっかけはなんだったのでしょ
う？

吉田：やっぱり、私の原点はアイドルなんです。だから、アイドルが
ファンの方の頭の中にずっといるように、「b idol」もみんなの頭の
中に常にいることが大事だと思い、ファン参加型の企画を始めてみま
した。「総選挙」という私のルーツも絡め、ユニークな企画になった
と思います。

中谷：ここまでファンを巻き込んでいるブランドは珍しいと思いま
す。腹を割って裏側を見せるのも戦略の１つですよね。ここの点はい
つもブランド側がどれだけ情報開示できるかで差が出るなと思ってい
ます。

吉田：そうですね。裏側は見せれば見せるほど良いと思っています。私も「これ、開発までに3年かかったよ」とか「原価めっちゃかかってるから！」とか言っちゃいます。「b idol」の持ち味って、等身大であり、裏側が見えることだとも思うんです。その思いを理解し、発信を許してくださっている「かならぼ」（※「b idol」の販売元）さんには感謝しています。

中谷：吉田さんがSNSを使ったファンとのコミュニケーション作りが上手なのは、アイドル時代の経験が大きく影響しているんですね。

吉田：確かにそうかもしれません。アイドル時代は、握手会などで毎日のようにファンと会っていました。SNSはファンと直接に近いコミュニケーションがとれるから、私との相性が良かったのかもしれませんね。

私を信じて買ってくれる人がいる
その「信頼関係」を大切にしたい

中谷：インフルエンサーとして企業から商品PRのお仕事の依頼を受けることもあると思います。どのような基準でお仕事を選んでいますか？

吉田：自分がどれだけときめくかですね。PR感が強くなるものは、申し訳ないのですがお断りすることもあります。それを踏まえて、ま

ずは商品を送っていただき、自分で実際に試して確認します。仕事の大小に関わらず、確認は絶対に欠かしません。それは、『吉田朱里』として推すからには責任を持ちたいと思うからです。私を信じて買ってくれる人もいるし、「アカリンが紹介してたこれ、買ったらめっちゃ良かった」の積み重ねが今につながっているので、その信頼感は絶対に守ると決めています。

中谷：PR感が強くなるものというと、たとえば「タイトルは絶対こうしてください」とか「こんな流れで紹介してください」といった投稿内容を制約するようなものですよね。私たちも施策を実施する際に、メーカー様とディスカッションになることが多いポイントです。

吉田：「成分について詳しく話してください」という依頼をいただいたときは、できたとしても説明だらけになっちゃってつまらないし、私自身がその成分について詳しくない場合はお断りする、という感じでしょうか。あとは、「この動画の中では他の商品は使わないで」と言われると、視聴者さんに楽しんで見ていただくことを大事にしているので「うーん……」と思っちゃいますね。

中谷：指示や制約が多いと、商品の本当の良さが伝えづらくて大変ですし、受け手にとっても面白味のないものになってしまうかもしれませんよね。ギフティングについてはどうですか？

吉田：本当にありがたいことに、事務所宛にたくさん届きます。で

も、好きと思った商品はすぐ自分で買うので、私のもとに届く頃には、すでに使っているとか紹介し終えていることも多いんです。

たまに、販売前にいただけることもあって、それは素直に「ラッキー！」と思います（笑）。

中谷：やっぱり、「好き」「いいな」というご自身の直感が一番ですね。

吉田：本当にその通りで、「大手だから依頼を受ける」ということもありません。とにかく自分がときめいたら紹介します。お仕事として受けた依頼であっても、どれだけ普段の自分のままで紹介できるかが大切だと思っているし、「好き」を発信し続けて得たファンからの信頼は大切にしていきたいですね。

中谷：「こんなギフティングは困る！」というものはありますか？

吉田：本当にありがたいことにファンデーションを全色ドーン！　と送っていただくこともあるんですけど、自分の肌に合うものは定番の2・3色が限界だし、自分でも大量に買っちゃうから使い切れないんですよ。使用期限もありますし……。でも、せっかくの商品が未使用なのはもったいないので、なんとか循環させる方法はないかと、ここ最近考えています。

中谷：最後に、今後の活動予定をお聞かせください。

吉田：個人の大きな目標としては、ライフスタイル全般を参考にして
もらえる"素敵な人"になりたいと思っています。見た目だけじゃな
く自身の内側もさらけ出して、「こうなりたい」と思ってもらえるよ
うな、だけど親近感がある人になりたいですね。「アカリンならなれ
そう」くらいの自分でいたい。そして、ファンの方にとって一生影響
力のある人でいたいです。

そういう意味では「b idol」も若い人だけに向けて作っているつもり
は全くないんです。自分自身も歳を重ね、成長していく中で必要と思
うものがあればその都度、プロデュースしていきたいです。

「b idol」としては、今年の秋冬までの予定が決まり、今すごくワク
ワクしています。有名人のプロデュースブランドもたくさん出てきて
いますが、10年後もずっと愛されるような、時代とともに走り続け
られるブランドでありたいですね。

CHAPTER 3

バズコスメ分析から紐解く「SNS売れ」の仕組み

そもそも「バズコスメ」とは？

　この章では、SNSで「バズる」ことを起点に商品が売れていく、「SNS売れ」の仕組みについて、私たちがおこなったバズコスメ分析をもとに詳しく解説していきます。

　SNSを見る人、発信する人が増えたことで、今や「バズる」という言葉は当たり前のように使われています。そもそも「バズ（buzz）」とは、噂話やざわめきを意味する言葉です。それを動詞化したのが「バズる」という言葉で、「SNSを含むインターネット上で話題となり、多数の人から注目を集めている状態」を指します。

　日々たくさんの新商品が生まれている中で、商品に関する1つの投稿が〇万リポスト（リツイート）されるなどして拡散されることは珍しくありません。しかし、そこで「〇万リポストされたから、すぐ売上につながるはず」「バズコスメだ！」ということになるのでしょうか。「バズったのに売れない」、そんなケースが後を絶たない現在、「SNS売れ」の裏にどのような仕掛けや仕組み、あるいは法則があるのか、少し立ち止まって考えるべきではないでしょうか。

　私たちは、一瞬の盛り上がりだけを見てすぐに結論づけるのはSNSマーケティングをおこなう上では危険なことだと考え、これまでの分析結果をもとに「バズコスメ」を以下のように定義しました。

バズコスメ＝「複数のSNSで話題が連鎖」し、その結果売上が向上した化粧品

　この定義にある通り、ここで言う「バズ」というのは「1つの投稿

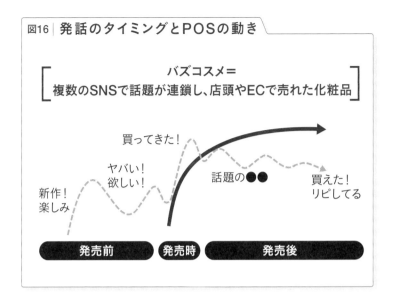

図16 | 発話のタイミングとPOSの動き

バズコスメ＝
複数のSNSで話題が連鎖し、店頭やECで売れた化粧品

買ってきた！

ヤバい！
欲しい！

新作！
楽しみ

話題の●●

買えた！
リピしてる

発売前　　発売時　　発売後

が〇万リポストされた」といったような一時的な点の事象ではなく、X、Instagram、YouTube、TikTokなど複数のSNSプラットフォームにまたがり話題が連鎖していき、商品がヒットするくらいに生活者の心を動かした、という連続的な線の事象を指しています。また、この「話題が連鎖する」というのは、複数の文脈で発話が次々に起こり、その投稿を見た人がまた発話する、といった形で話題が波及していくことを指しています。

　また、連鎖するといっても同じ内容の発話がリレーのバトンのようにつながれていくのではなく、発売前、発売時、発売後のフェーズで発話の内容は変化していきます。

　少しイメージしづらいかもしれないので、発話（投稿）の内容が発売前、発売時、発売後のフェーズでどのように変化していくか、具体的な例を見てみましょう。

【発話例】

・発売前

「〇〇から新作が出るらしい！ 早く試したい！」

「話題の成分が入ってこの価格はヤバい！ 絶対買う！」

・発売時

「さっそく買ってきた！ 発色が最高でリピ（リピート）確定」

「〇〇のシリーズよりも使い心地がいい」

・発売後

「バズりすぎてどこに行っても買えない！」

「最高すぎて一軍コスメ入り確定！」

このように、一言で「バズ」といってもその発話内容はフェーズによって変化しながら、大きなうねりとなっていくのです。

変遷する「バズコスメ」のトレンド

「バズコスメ」の定義を明らかにしたところで、この「バズコスメ」がどのような歴史をたどってきたかを、そのトレンドの変遷とともに振り返ってみましょう。

美容のことをつぶやくＸの「美容垢」(30ページ参照)は、2017年頃から急速に増えました。「バズ」の起点は情報拡散が最もされやすいＸであることが多く、そのＸで美容についての発話が増えたことで、美容に関する情報が「バズる」ようになっていきます。

そしてコロナ禍で生活者のSNSの利用頻度や利用時間が増えたこ

図17 | バズコスメトレンドの変遷

この4年間で、SNSバズのトレンドはどう変わったの？

2019 下期	2020 上期	2020 下期	2021 上期	2021 下期	2022 上期	2022 下期

①バズの日常化

②美容オタク→美容ミーハーに普及

④Xを起点にIG、YU、TTに波及

③成分リテラシーの普及

⑤コスパ文脈から機能性・意外性・新規性の文脈に

IG=Instagram／YU=YouTube／TT=TikTok

とも後押しとなり、美容情報に関する「バズ」が日常的に発生するようになりました。さらにそれが他のSNSプラットフォームにも波及し、SNSきっかけのヒット商品「バズコスメ」が生まれるケースが多く見られました。

そうしたSNSでの話題化に大きな影響を与えてきたのが、美容系インフルエンサーの存在です。その昔、美容家といえばその主な活動場所はテレビや雑誌でしたが、ブログが登場したことで「美容ブロガー」が生まれ、その後のSNSトレンドにともない、YouTubeやInstagram、X、TikTokとその活躍の場はどんどん広がり、影響力も増していきました。

この流れは2020年頃から一気に加速します。元美容部員や化粧品開発職など、美容を本業としている人がプロの視点で情報発信をするようになり、注目を集めたのです。これまでのバズは「ユーザー視

点」の情報が中心でしたが、「作り手視点」の情報もSNSで拡散されるようになっていったのです。

　これにより起きたのが「成分ブーム」です。これまでにも化粧品に使われる特定の成分がトレンドとなり、それを訴求した商品がヒットするということはありましたが、昨今の成分ブームはメーカー起点ではなく、美容系インフルエンサー起点でありユーザー起点であるという違いがあります。美容系インフルエンサーが自発的に成分について発話し、議論を投げかけ、そうやってその成分に対する発話があらゆるSNSプラットフォームで連鎖的に話題となる。例をあげると「レチノール」や「ナイアシンアミド」といった成分がこうしてトレンドとなりました。

　そして成分ブームに次ぐ2021年以降の新たなバズコスメトレンドは、「脱・コスパ」です。これまでSNSで話題となった化粧品は「○○が入っているのにこの値段」「デパコス並みのクオリティなのにプチプラ」といったように、コストパフォーマンスの良さがフォーカスされたものが大半でした。ところが、コスパを話題にした投稿があまりにも増えたため、「コスパだけ」ではもはや見向きもされず、そこに機能性や新規性・世界観などといった「＋α」がないと実際の売上につながるような「バズ」は生まれなくなってきています。これはつまり、「SNSで話題」にすることの難易度が上がっているとも言えるのです。

理 想 的 な 売 上 推 移 を 把 握 す る

　特定の商品における理想的な販売実績の推移とは、初速から順調に売上が上がりつつ、それが一過性に終わらず長く売上が継続するもの

図18 | 理想の販売実績推移

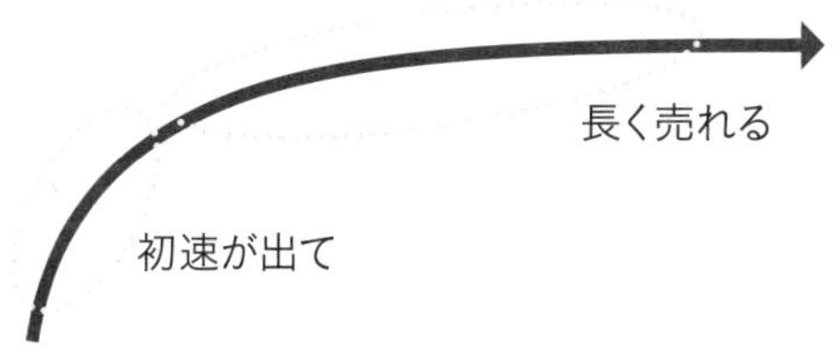

長く売れる

初速が出て

どのブランドも、初速が出て、長く売れるのが理想

です（図18）。

　そしてそれを実現させるためには、これまでに説明してきた各プラットフォームの特性やトレンドの把握、「美容オタク」「美容ミーハー」「美容マス」といった美容感度ごとのアプローチ戦略、フェーズごとのコミュニケーションプランなど、さまざまな視点と知見が必要となります。

　そこでここからは、私たちがさまざまなバズコスメを調査・分析していく中で見えてきた、「SNS売れ」した商品に共通する6つの法則についてお伝えしていきます。

法則1：購買者はInstagramとXで 商品に出会っている

　まずはじめに、「売れ」の起点となる「認知経路」についての分析です。MimiTVが主催する「バズコスメ大賞」に選出された10商品において、実際に購入した人に「どこでその商品を知ったか」をアンケート調査により尋ねたところ、図19のような結果となりました。

　10商品の価格帯やカテゴリーはさまざまなのにもかかわらず、すべての商品において認知経路はInstagramが最も多く、次いでXという結果となっています。

　ここからさらに、購入者を美容オタク・美容ミーハー・美容マスに分けた場合で見てみましょう（図20）。すると美容オタクはX、美容ミーハーはInstagram、美容マスは店頭がそれぞれ最も多くなりました。同じ商品を購入した人でも、その商品を認知した場所は美容感度によって大きく異なることがわかります。CHAPTER2でご紹介した美容オタク・美容ミーハー・美容マスの傾向の違いが、この調査結果に如実にあらわれているのがわかると思います。

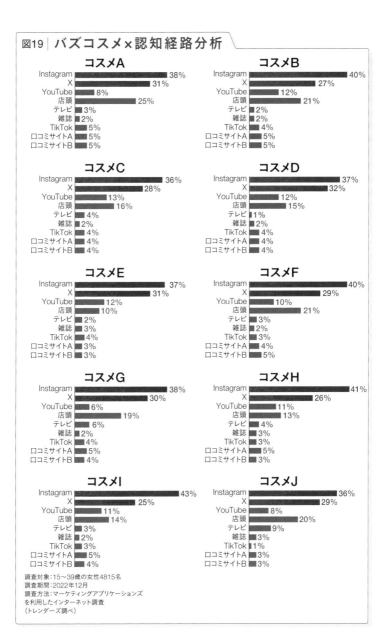

図19 | バズコスメ×認知経路分析

コスメA

Instagram	38%
X	31%
YouTube	8%
店頭	25%
テレビ	3%
雑誌	2%
TikTok	5%
口コミサイトA	5%
口コミサイトB	5%

コスメB

Instagram	40%
X	27%
YouTube	12%
店頭	21%
テレビ	2%
雑誌	2%
TikTok	4%
口コミサイトA	5%
口コミサイトB	5%

コスメC

Instagram	36%
X	28%
YouTube	13%
店頭	16%
テレビ	4%
雑誌	2%
TikTok	4%
口コミサイトA	4%
口コミサイトB	4%

コスメD

Instagram	37%
X	32%
YouTube	12%
店頭	15%
テレビ	1%
雑誌	2%
TikTok	4%
口コミサイトA	4%
口コミサイトB	4%

コスメE

Instagram	37%
X	31%
YouTube	12%
店頭	10%
テレビ	2%
雑誌	3%
TikTok	4%
口コミサイトA	3%
口コミサイトB	3%

コスメF

Instagram	40%
X	29%
YouTube	10%
店頭	21%
テレビ	3%
雑誌	2%
TikTok	3%
口コミサイトA	4%
口コミサイトB	5%

コスメG

Instagram	38%
X	30%
YouTube	6%
店頭	19%
テレビ	6%
雑誌	2%
TikTok	4%
口コミサイトA	5%
口コミサイトB	4%

コスメH

Instagram	41%
X	26%
YouTube	11%
店頭	13%
テレビ	4%
雑誌	3%
TikTok	3%
口コミサイトA	5%
口コミサイトB	3%

コスメI

Instagram	43%
X	25%
YouTube	11%
店頭	14%
テレビ	3%
雑誌	2%
TikTok	3%
口コミサイトA	5%
口コミサイトB	4%

コスメJ

Instagram	36%
X	29%
YouTube	8%
店頭	20%
テレビ	9%
雑誌	3%
TikTok	1%
口コミサイトA	3%
口コミサイトB	3%

調査対象：15〜39歳の女性4815名
調査期間：2022年12月
調査方法：マーケティングアプリケーションズ
を利用したインターネット調査
（トレンダーズ調べ）

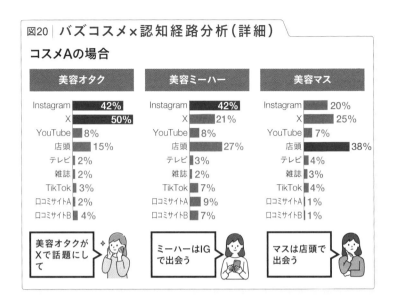

図20 | バズコスメ×認知経路分析（詳細）

コスメAの場合

美容オタク

Instagram	42%
X	50%
YouTube	8%
店頭	15%
テレビ	2%
雑誌	2%
TikTok	3%
口コミサイトA	2%
口コミサイトB	4%

美容オタクが
Xで話題にし
て

美容ミーハー

Instagram	42%
X	21%
YouTube	8%
店頭	27%
テレビ	3%
雑誌	2%
TikTok	7%
口コミサイトA	9%
口コミサイトB	7%

ミーハーはIG
で出会う

美容マス

Instagram	20%
X	25%
YouTube	7%
店頭	38%
テレビ	4%
雑誌	3%
TikTok	4%
口コミサイトA	1%
口コミサイトB	1%

マスは店頭で
出会う

法則2：Xの情報を参考に購買が 検討されている

　これらの調査結果により、

「なんにせよ、InstagramとXが最強なのはわかった！ この2つに予算を全投資したらいいってことね！」

　そんな声が聞こえてきそうですが、ちょっと待ってください。前述の通り、バズコスメは複数のSNSで話題が連鎖することが必要条件です。ただ「認知した」というだけでは、実際の「購入」にはなかなかつながらないのがSNSマーケティングの難しいところ。SNSでの情報接点を点ではなく線でとらえ、連鎖的な情報流通をイメージしながらマーケティング戦略を立てていく必要があります。また、美容オタク、美容ミーハー、美容マスでは、その流通経路がそれぞれ異なることも念頭に置いておかなくてはいけません。

次は「商品を購入する際に参考にしたメディア」についての調査結果です。前述の通り、商品を「認知」してもそのまま即「購入」につながらないケースが多いため、認知してから購入に至るまでにどのメディアからの情報を参考にしたのかを調査しました（図21）。

　ここでも認知経路の調査結果と同様、InstagramとXが突出していますが、認知経路と比較すると購買参考ではXの数値が顕著に伸びていることがわかります。認知経路ではすべてのバズコスメにおいてInstagramが1位を独占していたのに対し、購買参考では10商品中6つの商品でXが1位、そしてその他の商品でもXがInstagramと同率もしくは近しいという結果になりました。
　その理由としてはこれまでにも述べてきた通り、Xはその匿名性の高さから本音の口コミが投稿されやすく、「失敗したくない」「自分に合うものを選びたい」と考える今の消費者にとっては信ぴょう性の高いリアルな情報が得られるという点で参考にされやすいのです。
　また、検索機能が優れているため、自分にとってより必要な口コミ情報を入手しやすいという点も、Xが購買参考メディアとして選ばれる理由でしょう。

　美容商材を扱うマーケターの方の中には、「Instagramはイメージが良いから」「ブランディングに有効だから」「キレイな画像が投稿されるから」といった"なんとなく"の理由でInstagramへの投資を優先している人が少なくありません。
　ところがこの調査結果が示している通り、「SNS売れ」した商品においては消費者の購買行動にXが大きな影響を与えているのです。つまり、せっかくInstagramで情報が拡散され多くの認知を獲得するこ

図21 | バズコスメ×購買参考メディア分析

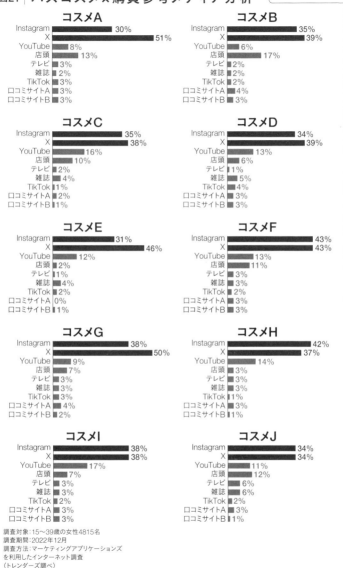

コスメA
- Instagram 30%
- X 51%
- YouTube 8%
- 店頭 13%
- テレビ 3%
- 雑誌 2%
- TikTok 3%
- 口コミサイトA 3%
- 口コミサイトB 3%

コスメB
- Instagram 35%
- X 39%
- YouTube 6%
- 店頭 17%
- テレビ 2%
- 雑誌 2%
- TikTok 2%
- 口コミサイトA 4%
- 口コミサイトB 3%

コスメC
- Instagram 35%
- X 38%
- YouTube 16%
- 店頭 10%
- テレビ 2%
- 雑誌 4%
- TikTok 1%
- 口コミサイトA 2%
- 口コミサイトB 1%

コスメD
- Instagram 34%
- X 39%
- YouTube 13%
- 店頭 6%
- テレビ 1%
- 雑誌 5%
- TikTok 4%
- 口コミサイトA 3%
- 口コミサイトB 3%

コスメE
- Instagram 31%
- X 46%
- YouTube 12%
- 店頭 2%
- テレビ 1%
- 雑誌 4%
- TikTok 2%
- 口コミサイトA 0%
- 口コミサイトB 1%

コスメF
- Instagram 43%
- X 43%
- YouTube 13%
- 店頭 11%
- テレビ 3%
- 雑誌 3%
- TikTok 2%
- 口コミサイトA 3%
- 口コミサイトB 3%

コスメG
- Instagram 38%
- X 50%
- YouTube 9%
- 店頭 7%
- テレビ 3%
- 雑誌 3%
- TikTok 3%
- 口コミサイトA 4%
- 口コミサイトB 2%

コスメH
- Instagram 42%
- X 37%
- YouTube 14%
- 店頭 3%
- テレビ 3%
- 雑誌 3%
- TikTok 1%
- 口コミサイトA 3%
- 口コミサイトB 1%

コスメI
- Instagram 38%
- X 38%
- YouTube 17%
- 店頭 7%
- テレビ 3%
- 雑誌 3%
- TikTok 2%
- 口コミサイトA 3%
- 口コミサイトB 3%

コスメJ
- Instagram 34%
- X 34%
- YouTube 11%
- 店頭 12%
- テレビ 6%
- 雑誌 6%
- TikTok 2%
- 口コミサイトA 3%
- 口コミサイトB 1%

調査対象：15〜39歳の女性4815名
調査期間：2022年12月
調査方法：マーケティングアプリケーションズ
を利用したインターネット調査
（トレンダーズ調べ）

とができても、いざ購入を考える段階でXにその商品に関する投稿が上がっていなかったり検索しても出てこなかったりすれば、検討対象からはずされてしまう可能性が高いのです。反対に、そこで口コミの投稿がたくさん見つかれば購買の可能性が上がることがわかります。

このように認知と購買という異なるフェーズにおける情報接点を明らかにすることで、「複数のプラットフォームにまたがる情報の連鎖」について、より具体的にご理解いただけたのではないでしょうか。

法則3：「3つのフェーズ」で話題化している

ここからは、バズコスメが実際に販売実績を上げていく裏側で何が起きているかを探っていきましょう。

繰り返しお伝えしている通り、「SNS売れ」を実現させるためには複数のSNSで連鎖的に話題が広がっている状態を作り出す必要があります。では実際に「複数のSNSで話題の連鎖」が起きているとき、具体的に「誰が」「いつ」「どこで」「どのような」発話をしているのでしょうか。

それを説明するためにまず、商品の「発売前」「発売時」「発売後」の3つのフェーズに分けて考えていきます。連鎖の起点となるような話題を創出するには、「発売前」の期待値向上と情報拡散がとにかく重要です。私たちはこのフェーズを「評判形成期」と呼んでいます。そしてこのフェーズでの発話を担うのはアーリーアダプターである美容オタクです。またその発話の多くは、美容オタクが愛用するXで見られます。商品の発売前から生活者、特に美容オタクと美容ミーハーの期待値をいかに最大限高めておけるかが、SNSマーケティングの

成否を分けると言っても過言ではありません。

　そして「評判形成期」の次のフェーズが「発売時」における「話題化」です。商品の発売前に評判形成の基盤が築かれていると、発売時に、実際に商品を購入・使用した人たちの口コミが数多く投稿されていきます。すでに美容オタクや美容ミーハーの間で評判となっており期待値が高いからこそ、実際にその商品を買って試した感想をいち早くシェアしたいというモチベーションが生まれるのです。

　このフェーズになると、情報を受け取り拡散していくのが美容ミーハーメインになってくるため、XだけでなくInstagramでも投稿が多く上がるようになります。こうして「SNSで話題らしい」「最新トレンド」美容商品として、より多くの美容ミーハーに認識されるようになり関連する投稿も増えていきます。

　また、インフルエンサーによる投稿も「話題化」を加速させる要素の１つです。インフルエンサーの中でも感度が「美容オタク」の美容系インフルエンサーであれば１つ前の「評判形成」のフェーズで投稿することが多いですが、それ以外のインフルエンサーであればSNS上である程度話題になった「話題化」のフェーズにおいて、トレンドネタとして取り上げるケースが多く見られます。

　最後に、発売後の「評判定着期」のフェーズに入ります。「評判形成期」「話題化」を通して醸成されたSNS上での評判や熱量が、一過性のものに終わらず継続し定着していくフェーズです。ここでは美容ミーハーを中心に、より多くの人がさまざまなプラットフォームで「SNSで話題の〇〇、使ってみた」というように口コミを投稿するようになっていきます。Xで始まりInstagramで広まった話題がYouTubeやTikTokにも波及し、さらにはメディアや店頭でも「SNS

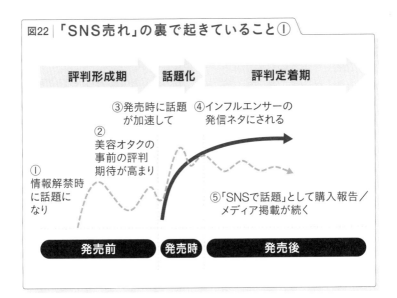

図22 | 「SNS売れ」の裏で起きていること①

評判形成期　話題化　評判定着期

③発売時に話題　④インフルエンサーの
　が加速して　　発信ネタにされる

②
美容オタクの
事前の評判
期待が高まり

①
情報解禁時
に話題に
なり

⑤「SNSで話題」として購入報告／
　メディア掲載が続く

発売前　発売時　発売後

で話題の商品」として取り上げられるようになります。このように
SNSでの盛り上がりが継続し、商品の人気が定着し定番化した頃、
美容マスが「これが人気、定番らしい」「これを選んでおけば失敗し
なさそう」と認識し購買に動くのです。

　このように3つのフェーズを経て話題化し、評判定着した商品の具
体的な事例をあげてみましょう。プチプラコスメで有名な某化粧品メー
カーから、フェイスパウダーの限定品が発売されることになりまし
た。同メーカーの人気アイテムの姉妹品的な立ち位置だったこと、発
売前にマーケティング施策としてギフティングやPR投稿をおこなっ
ていたことなどから、美容オタクの間で話題となっていました（評判
形成期）。

　そして発売されると使用感の良さや機能性の高さを評価する投稿が
Instagramで多く見られるようになります（話題化）。店頭で売り切

れる日もあり「手に入らない！」とさらに話題を集めます。

　その後、TikTokやYouTubeで「どのくらいトーンアップできるか」「毛穴が隠れるって本当？」といったその商品の検証動画が続々と上がるようになりました。発売からしばらく経った今でもフェイスパウダーの「徹底比較」や「ランキング」などのまとめ投稿に頻出するなど、定番商品として人気が続いています（評判定着期）。

　ここまで読んでいただいて、「3つのフェーズは理解できたけど、商品はもう発売してしまっている……」と思われた方もいるかもしれません。「評判形成期」を商品の「発売前」としているのはイメージしやすくするためのものであり、すでに発売済の商品であっても、「発売時」を「SNSでの盛り上がりを最大化したいとき」と置き換え、「〇月〇日から」とタイミングを設定することで、そこを目指して話題の連鎖を生み出していくことは可能です。「評判形成」「話題化」「評判定着」のフローは1回こなしたら終わりではなく、繰り返しおこなうことで売り伸ばし続けることができるのです。

法則4：各フェーズで 理想的な発話がされている

　続いては「評判形成期」「話題化」「評判定着期」それぞれのフェーズにおいて、SNS上でどのような発話が注目され拡散されているのか、より詳しく解説していきます。

　評判形成のフェーズでは、成分の新規性や商品開発の経緯など美容オタクならではの着眼点のものが多く見られます。それがバズの起点となっていることも多く、また「ヤバい！」「〇〇なのに▲〇！」など投稿者の興奮度合、熱量の高さが伝わる発話も注目されやすい傾向

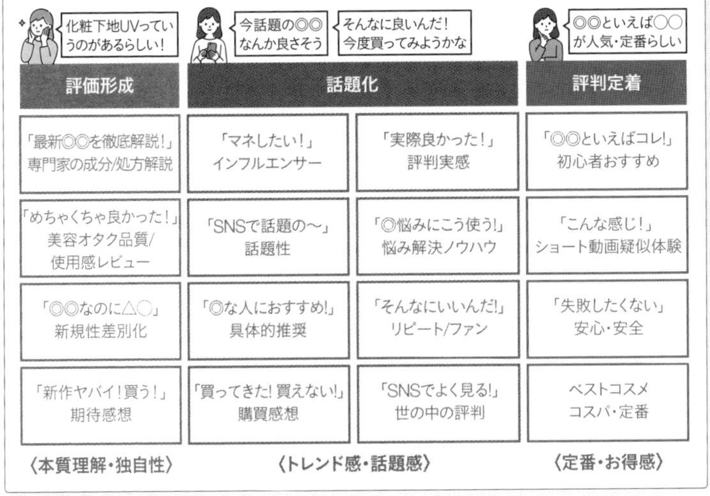

図23 | フェーズごとの発話イメージ

評価形成	話題化		評判定着
「最新○○を徹底解説!」 専門家の成分/処方解説	「マネしたい!」 インフルエンサー	「実際良かった!」 評判実感	「○○といえばコレ!」 初心者おすすめ
「めちゃくちゃ良かった!」 美容オタク品質/ 使用感レビュー	「SNSで話題の〜」 話題性	「◎悩みにこう使う!」 悩み解決ノウハウ	「こんな感じ!」 ショート動画疑似体験
「○○なのに△○」 新規性差別化	「◎な人におすすめ!」 具体的推奨	「そんなにいいんだ!」 リピート/ファン	「失敗したくない」 安心・安全
「新作ヤバイ!買う!」 期待感想	「買ってきた!買えない!」 購買感想	「SNSでよく見る!」 世の中の評判	ベストコスメ コスパ・定番
〈本質理解・独自性〉	〈トレンド感・話題感〉		〈定番・お得感〉

にあります。

　一方、話題化のフェーズになると、「SNSで話題」など、トレンド感・話題感のある発話やインフルエンサーによる投稿が多く見られるようになります。そんな話題の商品を「買ってきた!」「実際に使ってみた」という美容ミーハーによる報告や感想の投稿が多くなり、「SNSでよく見る」「そんなに良いんだ!」とさらに評判が広がっていきます。

　最後の評判定着のフェーズにおいては、「コスパ」「定番」「初心者におすすめ」といった安心感を醸成する発話が増え、美容ユーザーの半分を占める美容マス層が購買を検討する際に参考にするようになります。

　こうしてフェーズごとの発話内容を具体的に見てみると、美容オタクへのギフティングやインフルエンサーへのPR投稿依頼をする際に、

いつ、どのような内容の発話が発生することを目指すべきなのかがより明確になってくると思います。

　PR投稿においては、ついブランド側が最もアピールしたい点を訴求ポイントにしたくなり、インフルエンサーの投稿内容に指示や制限をしてしまいがちですが、そうすると似たような投稿ばかりになってしまったり、見る側にとってリアリティや共感性がなくなったりして、話題化することが難しくなってしまいます。

　また、売れの糸口となるようなワードは、美容オタクやインフルエンサーの自由な発話から生まれることがよくあるというのも、お伝えしておきたい大事な点です。たとえば、今ではよく耳にするようになった「粘膜リップ」（唇の粘膜に近い発色をするリップ）という言葉は、美容オタクの発話から生まれたものだと言われています。発話の内容や文脈についてはある程度投稿者に委ね、そこから自然発生的に出てきたセンスの良いワードや文脈を活用・拡散していくほうがより高い効果を期待できるでしょう。

法則 5 :「好感認知」が "垂直型" の ファネルを生んでいる

　さてここからは、美容商品におけるSNSユーザーの購買行動、いわゆるマーケティングファネルについてお伝えしていきます。マーケティングファネルの考え方はさまざまですが、ほぼすべてに共通しているのは、まずは「認知」から始まるという点であり、それはバズコスメが生まれるプロセスにおいても同様です。

　テレビCMに代表されるマス広告の場合、その目的の多くは認知の獲得です。マス広告においては認知の獲得がPOSと連動しやすいというのが一般的な見解だからです。一方でSNS上の施策では、認知だけではなかなか売上にはつながりません。SNSマーケティング史

図24 | 認知よりも、好感認知を広げる

認知
知ってる
けど動かない

好感認知
なんか良さそう！
店頭想起されやすい

の初期の頃は、インフルエンサー施策で認知を広げれば売上につながるケースも多くありましたが、SNS上にこれだけ美容情報が溢れている現在ではそれが難しくなっています。

そこで必要となるのが「好感認知」という概念です。好感認知とは、第三者の口コミなどを見て「なんか良さそう！」「自分に合っているかも」という好感度が高い状態での認知を意味する言葉です。SNS上の施策においては、この好感認知の獲得ユーザーの購買を促す大事な要素となります。

たとえば商品の具体的なメリットを伝える第三者の口コミなど、有益な情報やみんなの評判とともに訴求することで、認知の一歩先の「なんか良さそう！」「みんなが使っている」という好感認知を獲得することができます。ユーザーにとって興味のある情報、"自分ゴト"として認識されることで、商品に対する好感度が上がり購買につながりやすくなります。

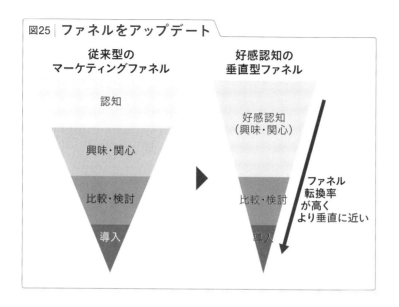

図25 | ファネルをアップデート

**従来型の
マーケティングファネル**

認知

興味・関心

比較・検討

導入

**好感認知の
垂直型ファネル**

好感認知
（興味・関心）

比較・検討

導入

ファネル
転換率
が高く
より垂直に近い

　従来のマーケティングファネルにおいては、まずは商品・サービスを認知してもらい、そこから興味・関心を高めて、比較・検討を経て購入に至る、という流れが基本ですが、好感認知の場合は興味・関心とセットで認知している状態なので、より購入に至る確率が高まります。ファネルという名の通り、本来認知から購入までは逆三角の"ろうと型"でとらえられていますが、美容商品におけるSNSマーケティングにおいては、好感認知から購入までの転換率がより高い、"垂直型"に近いファネルになるのです。

　好感認知はその度合が高ければ高いほど、購入への転換率は高くなります。そして好感認知を高めるために有効なのが、企業ではなく生活者が制作するコンテンツ、UGC（38ページ参照）の活用です。SNSマーケティングにおいては主にSNSユーザーの投稿を指します。

法則6:「モノ軸」UGCが重視されている

　好感認知を高めるために有効なUGCですが、UGC施策というと「インフルエンサーのPR投稿」と考える方が多いのではないでしょうか。インフルエンサーの投稿はもちろん、その人のフォロワーを中心に「あの人が使っている○○」といった好感認知を得ることはできますが、好感認知を高める施策としては最善手とは言えません。

　昨今はSNSで情報検索をするユーザーが増え、それにより商品の購入を検討するフェーズにおいてもSNSが非常に重要な役割を果たすようになりました。法則2の購買参考メディアの調査結果で説明した通り、Instagramや店頭で見つけて気になった商品をXで検索し、そこで見た商品に関する信頼性の高い情報を参考にして購入に至る、というような購買行動の傾向が見られています。

　そうやって商品情報をSNSで検索した際に、購入の後押しとなる投稿はどんなものかというと、商品の特徴や使用感など「モノ」に焦点を当てた、「モノ軸」のUGCです。

「このアイシャドウ、ブランド史上最高に発色がキレイ！　過去の商品と比較してみると…」

「○日に発売の化粧水、○○配合なのに話題の××まで入っていて贅沢すぎる！　それなのに価格は…」

　といったように商品の魅力が具体的に伝わる投稿に触れることで、好感認知が高まりやすくなるのです。そして、当然ユーザーによって商品の購入を検討する（＝検索する）時期やタイミングはバラバラなので、この「モノ軸」UGCは「発売前」「発売時」「発売後」のすべてのフェーズを通して露出させておく必要があります。

好感認知を高め、購入の後押しになるような「モノ軸」UGCを制作できるのは、主に美容オタクです。ユーザーが商品の購入を検討する際には、「失敗したくない」「自分に合った商品を選びたい」という思いからさまざまな視点からのリアルな情報を求めます。そしてターゲット分析でも説明したように、そのニーズに応えることができるのは、美容への興味・関心が高く豊富な知識を持つ美容オタクということになるのです。

　一方で、インフルエンサーによる投稿は「ヒト」に焦点が当たった「ヒト軸」UGCに分類されます。「モノ軸」UGCはすべてのフェーズにおいて必要とお伝えしましたが、「ヒト軸」UGCを創出するインフルエンサー施策は、発売日周辺の話題化のフェーズでおこなうとより効果的です。美容ミーハーに「○○ちゃん(信頼しているインフルエンサー)も使っている」「SNSで話題らしい」商品として注目してもらい発話をしてもらうことで、情報が拡散され話題化を促すことができるからです。「モノ軸」UGCと「ヒト軸」UGCはどちらか一方だけある状態ではなく、どちらも露出していることで情報接点が増え、あちこちで何度も見たという印象を持ってもらうことができます。

　ちなみに「モノ軸」「ヒト軸」どちらのUGCにしても、一度の接触で即購入につながることは非常に稀だといえます。私たちが実施した「この商品話題なのかな？　と感じるとき」の情報接触回数の調査では「４回以上」という回答が圧倒的でした（図26）。「モノ軸」「ヒト軸」を掛け合わせながら、さまざまなプラットフォームで複数回UGCに接触してもらうことで好感認知が高まっていき、店頭でその商品を見かけたときに「あちこちで何度も見た＝SNSで話題のやつだ」と想起され購入されやすくなるのです。

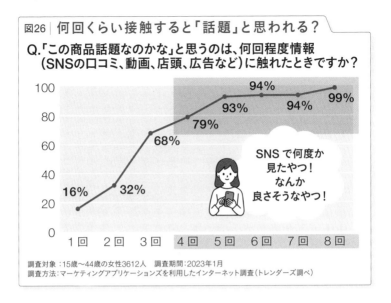

図26 | 何回くらい接触すると「話題」と思われる？

Q.「この商品話題なのかな」と思うのは、何回程度情報
（SNSの口コミ、動画、店頭、広告など）に触れたときですか？

- 1回 16%
- 2回 32%
- 3回 68%
- 4回 79%
- 5回 93%
- 6回 94%
- 7回 94%
- 8回 99%

SNSで何度か
見たやつ！
なんか
良さそうなやつ！

調査対象：15歳〜44歳の女性3612人　調査期間：2023年1月
調査方法：マーケティングアプリケーションズを利用したインターネット調査（トレンダーズ調べ）

　ここで注意していただきたいのが、好感認知を高めることばかり意識してしまうと、施策が限定的になり、結果的に売上を大きく伸ばすことが難しくなるということです。具体例をあげると、美容オタクの興味・関心を惹くような、より深い情報を載せたクリエイティブを作ること（YouTube動画配信、自社アカウント運用など）だけに注力してしまったため、そこでせっかく高まった好感認知を美容ミーハーや美容マスへ広げるための施策が抜けてしまい売上が伸びなかった、というようなケースです。深い情報や凝ったクリエイティブをたくさん生み出しても、美容マスなどの検索しない人には届きません。

　そこで、好感認知を広げる施策として有効なのがSNS広告（AD）となります。「発売前」「発売時」「発売後」のそれぞれのフェーズに応じた適切なUGCを活用して広告配信をおこなうのです。

　ここまで説明してきた「モノ軸」UGCは、バズコスメ誕生におけ

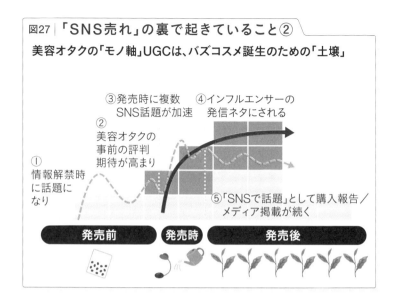

図27 | 「SNS売れ」の裏で起きていること②

美容オタクの「モノ軸」UGCは、バズコスメ誕生のための「土壌」

③発売時に複数　④インフルエンサーの
　SNS話題が加速　　発信ネタにされる

②
美容オタクの
事前の評判
期待が高まり

①
情報解禁時
に話題に
なり

⑤「SNSで話題」として購入報告／
　メディア掲載が続く

発売前　　発売時　　発売後

るプロセスにおいていわば「土壌」のような存在です。土壌がしっかりできていれば、さまざまな施策(タネ)が元気に芽吹き、話題が連鎖して立派に花開いていくのです（図27）。

事例で見るバズコスメ

　ここまで、バズコスメ分析からわかった、「SNS売れ」した商品に共通する6つの法則についてお伝えしてきました。ここからは、バズコスメの具体的な事例について解説していきます。

　2022年下半期に「バズコスメ大賞」(MimiTV主催)を受賞したアイテムについて、私たちはそのバズの傾向を分析し、「バズ蓄積型」「新形態型」「成分バズ型」「日本上陸型」の4つに分類しました。ここではそれぞれの型の代表的な事例を取り上げます。

①バズ蓄積型

最も多かったのは「バズ蓄積型」です。もともとブランドのファンが多く、ブランドやそのブランドの商品に対する良い評判がSNS上に蓄積されていたため、新商品発売時に「評判形成」がされやすい土壌ができていた商品です。

たとえば某ブランドのヘアマスクです。

すでにシャンプーとトリートメントがそのブランドから発売されており、「ドラッグストアで購入できるヘアケア製品の中で一番優秀」「本当にさらさらになる」など、SNS上で話題となり欠品が出るほどのヒット商品となっていました。そのため、新ラインとしてヘアマスクが発売されるということで、発売前から美容オタクの間で「あの○○からヘアマスクが！」と注目を集めSNSでの評判形成がなされ

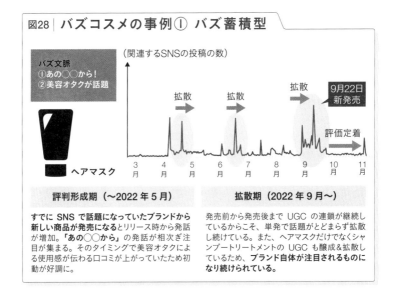

図28 | バズコスメの事例① バズ蓄積型

バズ文脈
①あの○○から！
②美容オタクが話題

ヘアマスク

（関連するSNSの投稿の数）

拡散　拡散　拡散

9月22日 新発売

評価定着

3月 4月 5月 6月 7月 8月 9月 10月 11月

評判形成期（～2022年5月）

すでにSNSで話題になっていたブランドから新しい商品が発売になるとリリース時から発話が増加。「あの○○から」の発話が相次ぎ注目が集まる。そのタイミングで美容オタクによる使用感が伝わる口コミが上がっていたため初動が好調に。

拡散期（2022年9月～）

発売前から発売後までUGCの連鎖が継続しているからこそ、単発で話題がとどまらず拡散し続けている。また、ヘアマスクだけでなくシャンプートリートメントのUGCも醸成＆拡散しているため、**ブランド自体が注目されるものになり続けられている。**

ていきました。そして、発売時・発売後に複数のSNSで連鎖的に話題となり、「SNSで話題の商品」としてその評判はすっかり定着したのです。

　この流れは「すでに人気のブランドだった」というだけで実現したものではありません。まず商品発売前にブランドがXとInstagramで美容オタクに向けたギフティングを実施し、熱量の高いUGCを多数生み出すことができていました。そして発売後には、そのUGCを複数のSNSプラットフォームに広告出稿することで広く好感認知を獲得し、美容ミーハー・美容マスにまでしっかりと評判を定着させていったのです。

　ブランドの知名度にあぐらをかくことなく、評判形成から話題化・評判定着までの流れを戦略的に描き実行したことが、バズコスメ誕生につながったのです。

② 新形態型

　美容オタクに注目されやすい、新しい剤形やカテゴリが発話のネタとなり、発売前などの早い段階で評判形成に成功した商品は「新形態型」に分類しました。「何これ、新しい！」「見たことない！」という新規性・サプライズ性が美容オタクのオタクゴコロをくすぐったのです。

　たとえば幅広い年代層に人気の某プチプラコスメブランドから「まつげティント」と謳うマスカラが発売されたときは、美容オタクが真っ先に反応して話題にしました。「ティント」とは色素を肌に染み込ませることでより定着力を高めた化粧品に使われる言葉で、これまでは主にリップの種類として認知されていたため、「マスカラなのにテ

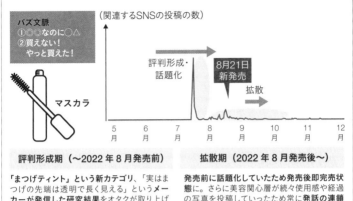

図29 | バズコスメの事例② 新形態型

（関連するSNSの投稿の数）

バズ文脈
①○○○なのに○△
②買えない！
やっと買えた！

マスカラ

評判形成・話題化

8月21日 新発売

拡散

| 5月 | 6月 | 7月 | 8月 | 9月 | 10月 | 11月 | 12月 |

評判形成期（〜2022年8月発売前）

「まつげティント」という新カテゴリ、「実はまつげの先端は透明で長く見える」というメーカーが発信した研究結果をオタクが取り上げ拡散。新しい事実に反応するオタク層の注目が集められたことで発売前から話題に。

拡散期（2022年8月発売後〜）

発売前に話題化していたため発売後即完売状態に。さらに美容関心層が続々使用感や経過の写真を投稿していったため常に発話の連鎖が起き続けミーハー層の認知も獲得。「見つけたら買うべき！」コスメとして定着していった。

ィント!?」と、オタクならではの好奇心をくすぐったのです。

さらに「まつげの先端は、透明にしてこそ長く見える」というメーカーの長年にわたる研究の結果により生まれた商品ということで、その新事実にも美容オタクが反応するなど、発売前から評判形成がしっかりとなされていたため、発売してしばらくは即完売の状態が続きました。そのため「見つけたら絶対買わないと」「やっと買えた！」と話題の連鎖が途切れず、バズコスメとなったのです。

③成分バズ型

ここ数年、化粧品に使われている成分にフォーカスし話題にする美容オタクやインフルエンサーが増えたことで、「成分」は1つのバズ要素となっています。成分が注目されたことによりバズコスメとなった「成分バズ型」は、成分を細かく分析した結果をもとに、医師や研究者による科学的なエビデンスを踏まえながら紹介することで、商品

に対する期待感や説得力を高めて話題を生むケースです。

　たとえば某フェイスマスクは、近年美容オタクを中心に再注目されている成分であるビタミンCに加え、新たなトレンド成分となっているレチノール・ナイアシンアミドを配合したことで「贅沢すぎる」と注目を集め、さらに美容医療の施術名を想起させるワードを商品名に入れたことで、美容オタクの関心をさらに引きつけることができました。

　また「フェイスラインを引き上げる」という具体的な効果訴求により、その即効性に関する口コミが広がり話題化し、「おすすめシートマスク」といったまとめ投稿にも登場するようになり評判が定着していきました。

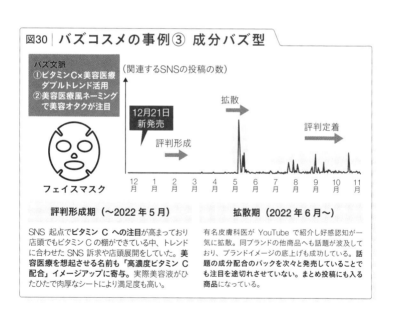

図30｜バズコスメの事例③　成分バズ型

バズ文脈
①ビタミンC×美容医療
　ダブルトレンド活用
②美容医療風ネーミング
　で美容オタクが注目

フェイスマスク

（関連するSNSの投稿の数）

12月21日
新発売

評判形成

拡散

評判定着

12月　1月　2月　3月　4月　5月　6月　7月　8月　9月　10月　11月

評判形成期（〜2022年5月）

SNS起点でビタミンCへの注目が高まっており店頭でもビタミンCの棚ができている中、トレンドに合わせたSNS訴求や店頭展開をしていた。美容医療を想起させる名前も「高濃度ビタミンC配合」イメージアップに寄与。実際美容液がひたひたで肉厚なシートにより満足度も高い。

拡散期（2022年6月〜）

有名皮膚科医がYouTubeで紹介し好感認知が一気に拡散。同ブランドの他商品へも話題が波及しており、ブランドイメージの底上げも成功している。話題の成分配合のパックを次々と発売していることでも注目を途切れさせていない。まとめ投稿にも入る商品になっている。

④ 日本上陸型

　最後は「日本上陸型」です。海外の某メイクアップブランドから発売されたそのマスカラは、すでに世界各国で人気となっている商品でした。そのため一部の美容オタクは日本で発売される前から注目していました。そして、いざ日本での発売が決定した際には「ついに日本上陸！」と一気に話題に。このように発売前の時点でUGCが生成されていたため、発売時の広告施策が掛け算となってさらに話題化が進み、またタレント起用で露出が増加したことで複数のSNSで連鎖的に話題となり評判が定着していったのです。

　海外での実績がある点は大きなアドバンテージではありますが、それだけではなく「カールキープ力がすごい」「キレイにセパレートする」など、その高い機能性を訴求するUGCが発売以降に多数生成されていたことも、バズコスメになる大きな要因となりました。

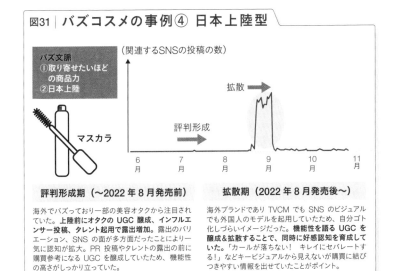

図31 ｜ バズコスメの事例④ 日本上陸型

（関連するSNSの投稿の数）

バズ文脈
①取り寄せたいほどの商品力
②日本上陸

マスカラ

拡散

評判形成

6月　7月　8月　9月　10月　11月

評判形成期（〜2022年8月発売前）

海外でバズっており一部の美容オタクから注目されていた。上陸前にオタクのUGC醸成、インフルエンサー投稿、タレント起用で露出増加。露出のバリエーション、SNSの面が多方面だったことにより一気に認知が拡大。PR投稿やタレントの露出の前に購買参考になるUGCを醸成していたため、機能性の高さがしっかり立っていた。

拡散期（2022年8月発売後〜）

海外ブランドでありTVCMでもSNSのビジュアルでも外国人のモデルを起用していたため、自分ゴト化しづらいイメージだった。**機能性を語るUGCを醸成＆拡散することで、同時に好感認知を育成していた。**「カールが落ちない！　キレイにセパレートする！」などキービジュアルから見えないが購買に結びつきやすい情報を出せていたことがポイント。

「バズ蓄積型」「新形態型」「成分バズ型」「日本上陸型」。話題の起点や文脈に違いはあれど、共通していることは美容オタクによる評判形成がしっかりとなされていること、そしてその後も継続的に話題が連鎖していることです。バズコスメは偶然的に生まれるものではなく、話題の連鎖を意識した緻密なマーケティング戦略により意図的に発生を促していくことが可能ということがおわかりいただけたのではないでしょうか。

CHECK!

バズコスメとは、複数の SNS で話題が連鎖し、実際に店舗や EC で売れた化粧品のこと。

認知から購買につなげるためには X と Instagram の活用が重要。

「評判形成」「話題化」「評判定着」の3つのフェーズを理解しよう。

フェーズごとの発話内容には違いがある。

「なんか良さそう！」という「好感認知」を獲得しよう。

美容オタクによる「モノ軸」UGC が何より重要。

CHAPTER 4

分析にもとづいた
SNSマーケティング
戦略

SNSマーケティング戦略の6つの指針

　企業のマーケティングにおけるSNSの活用が当たり前の時代となり、特にSNSの影響力が強い美容・化粧品業界においてSNSは欠かせない存在となっています。一方で、「戦略を描けない」「PDCAを回せていない」「成果が出ても再現性がない」そんな課題を抱える企業が多いのが実態です。

　よく見受けられるのが、さまざまな施策を実施しているものの、それらがすべて「点」になっているケースです。プレス発表会の実施や公式アカウントの開設から始まり、口コミサイトや雑誌への広告出稿、テレビCMの放映、イベント開催にインフルエンサー起用、SNSキャンペーンの実施──。一見、積極的かつ多角的に施策を実施しているように見えますが、これだけ予算を投下しても思うように話題化せず売上につながらないという事例を私たちはたくさん目にしてきました。

　SNSを主軸としたマーケティング戦略に必要なことは、それぞれの施策を「点」でとらえるのではなく「線」でつなぎ、それらが波及・連鎖して「面」になっていく、その絵を描くことです。そこでここからは、実際にSNSマーケティング戦略を立案する際にぜひ踏まえていただきたい、6つの指針についてお伝えしていきます。

SNSマーケティング戦略6つの指針
① 「SNS施策」と「それ以外」に分類する
② 「UGC施策」に「SNSAD」を掛け合わせる
③ UGCを「モノ軸」「ヒト軸」で使い分ける
④ 「発売前」「発売時」「発売後」のフェーズに分ける

⑤ X ⇔ Instagram で話題をブリッジさせる
⑥「話題化」を達成させるための指標を設計する

　これら6つの指針は、①から⑥まで順に取り掛かることが重要です。それでは1つひとつ見ていきましょう。

指針①「ＳＮＳ施策」と「それ以外」に分類する

　戦略を立てるにあたり最初にすべきことは、施策をすべて洗い出し、それらを「SNS施策」と「それ以外」に分類することです。

　購買転換率の高いSNS施策の効果を十分に発揮させるためには、何よりそのための予算がきちんと確保されている必要があります。
　先述した通り、企業のマーケティングにおいてSNSが長らく「オマケ」的な存在だったことから、SNS施策に適切な予算が配分されず成果が得られなかったというケースはたくさん見聞きします。図32のようにすべての施策を「SNSとそれ以外」に分けて並べてみると、SNS施策は無限にあることがわかると思います。必要な施策を選別し、事前にしっかりと予算の確保をしておきましょう。

　また、SNS広告をマス広告と一緒くたにして考えてしまい、結局SNS広告のほうにはオマケ程度の予算しか残らなかった、というケースもよく見られます。そのためにもやはり、施策を「SNSとそれ以外」に分け、それぞれの効果や目的を明確にしておくことがはじめの一歩となります。
　以降の指針においても、この図を念頭に置いて考えましょう。

図32 | SNSとそれ以外に分ける

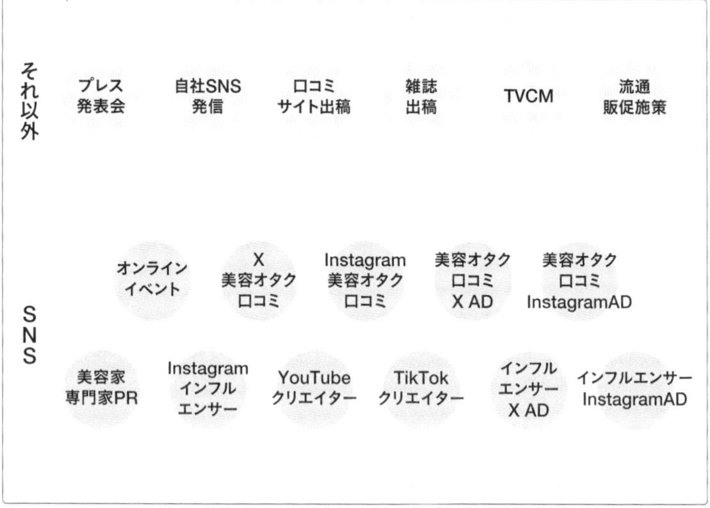

| それ以外 | プレス発表会 | 自社SNS発信 | 口コミサイト出稿 | 雑誌出稿 | TVCM | 流通販促施策 |

SNS：オンラインイベント、X美容オタク口コミ、Instagram美容オタク口コミ、美容オタク口コミX AD、美容オタク口コミInstagramAD、美容家専門家PR、Instagramインフルエンサー、YouTubeクリエイター、TikTokクリエイター、インフルエンサーX AD、インフルエンサーInstagramAD

指針②「UGC施策」に「SNSAD」を掛け合わせる

　ここまでに何度か、商品の理想的な販売実績の推移について解説してきました。逆に典型的な失敗パターンというのは、SNSで一時的に盛り上がり、その影響で売上が上がるもののその後すぐに失速してしまうというものです。

　一時的にでも話題になったということは、その後も話題が連鎖するポテンシャルを持っていたということです。それが失速してしまったのは、「一度咲いた花に水をやらなかったから」、つまり、せっかく作った評判を「広げる」という視点が足りなかったということです。そして、その具体的な原因の多くは、UGC×SNSADの掛け合わせを効果的に実施できていなかったことにあります。

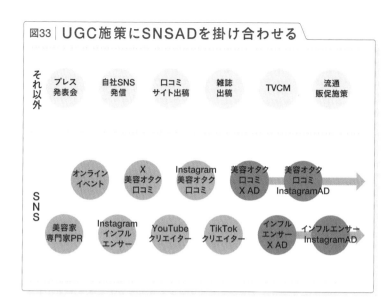

図33 │ UGC施策にSNSADを掛け合わせる

それ以外

| プレス発表会 | 自社SNS発信 | 口コミサイト出稿 | 雑誌出稿 | TVCM | 流通販促施策 |

SNS

オンラインイベント / X美容オタク口コミ / Instagram美容オタク口コミ / 美容オタク口コミX AD / 美容オタク口コミInstagramAD

美容家専門家PR / Instagramインフルエンサー / YouTubeクリエイター / TikTokクリエイター / インフルエンサーX AD / インフルエンサーInstagramAD

　UGCがより購買に転換しやすい認知＝「好感認知」の獲得に最も有効であることは、先述の通りです。ですが「UGCだけ」ではリーチできる範囲に限界があります。たとえば、商品の魅力を伝えるUGCをたくさん創出したとして、それは美容情報に興味・関心がありかつ能動的に情報を収集する（検索する）美容オタクや一部の美容ミーハーまではリーチできても、美容マスまではほとんどリーチしません。なぜなら美容マスは美容情報への興味・関心の度合いが低いため、美容オタクや美容インフルエンサーをフォローしていないことが多く、そして美容情報を日常的に検索することもないからです。美容マス層は全体のおよそ50％を占めるボリュームゾーンなのにもかかわらず、そこまでリーチを広げていく施策が足りていないため、話題が一時的なもので終わってしまうのです。

　そこで、美容マスまでUGCをしっかりリーチさせるのに有効な施

策が、SNSADです。

　美容オタクやインフルエンサーのUGCをXやInstagram上で広告配信することで美容情報を検索しない美容マス層を含む、より多くのSNSユーザーに届けることができます。

　こうして初速がついたら、あとはその時々の旬のトピックスを絡めながら、UGC×SNSADの施策を継続しておこないましょう。継続して露出させることで、商品の評判を定着させていくことができます。

指針③UGCを「モノ軸」「ヒト軸」で使い分ける

　CHAPTER3でお伝えした通り、好感認知を獲得するのに効率的であり、SNSマーケティングに欠かせない存在であるUGCは、「モノ軸」と「ヒト軸」の2つに分類することができます。そしてマーケティング全体の効果を高めていくためにはどちらか一方だけではなく、「モノ軸」「ヒト軸」の両方を使い分けして掛け合わせていくことが必要です。

「モノ軸」「ヒト軸」の使い分けについて、具体的に説明していきましょう。

　まずはモノ軸です。モノ軸UGCは基本的に商品を実際に使った（＝購入した）人がいなければ作り出せないものなので、発売前に美容オタクに向けてオンラインイベントやモニターギフティングを実施し、商品に触れてもらうことでUGCを生成します。モノ軸UGCをSNSAD配信する目的はフェーズによって異なりますが、先述した通りモノ軸UGCは購入を検討する段階で参考にされやすいため、発売前、発売時、発売後のすべてにおいてSNSADで露出させておくことが理想です。発売前の時期はアーリーアダプターである美容オタクや一部の美

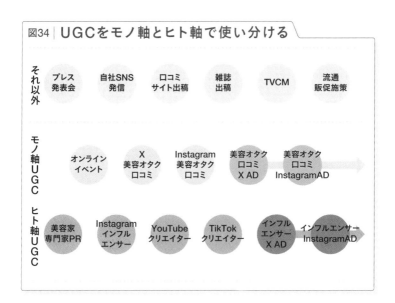

図34 UGCをモノ軸とヒト軸で使い分ける

それ以外	プレス発表会	自社SNS発信	口コミサイト出稿	雑誌出稿	TVCM	流通販促施策
モノ軸UGC	オンラインイベント	X美容オタク口コミ	Instagram美容オタク口コミ	美容オタク口コミX AD	美容オタク口コミInstagramAD	
ヒト軸UGC	美容家専門家PR	Instagramインフルエンサー	YouTubeクリエイター	TikTokクリエイター	インフルエンサーX AD	インフルエンサーInstagramAD

容ミーハー層が注目しやすい、製品に踏み込んだ内容を意識します。また、美容マスが購入を検討するようになる発売後の評判形成期には「これを使ってよかった」「人気・定番」というような安心感を与える内容のものを意識しましょう。具体的にどのような情報を露出させればいいかは、105ページのフェーズごとの発話のイメージを参考にしてください。

ヒト軸UGCはインフルエンサー施策（PR投稿）で生成し、これもモノ軸UGCと同様に、SNSAD配信をすることでリーチを広げていきます。美容系インフルエンサーをフォローすることが多い美容ミーハー層に注目してもらうことで、話題化を加速させる効果を狙えます。特に発売日前後の話題化のフェーズでモノ軸UGCと一緒に露出させることで情報接点が増え、「SNSで話題なんだ」という好感認知を広げていくことができます。これは複数の人（インフルエンサー）の

UGCが見られることでより印象づけることができます。

　このように、モノ軸UGCとヒト軸UGCを使い分けて掛け合わせることで、SNS上での話題化が一気に加速していき検索したときの表示される確率も上がります。UGC×SNSADをプランニングに落とし込む際にぜひ意識しておいてほしいところです。

指針④「発売前」「発売時」「発売後」の フェーズに分ける

　続いて、施策を「発売前」「発売時」「発売後」の3つのフェーズごとに分類してみましょう。そして「発売時」を軸にしながら、その前後に何をすべきか、施策がどこかに偏っていないか、それぞれのフェーズの理想的な状態をイメージしながらプランニングしていきます。

　すでに発売済の商品の場合は、「発売時」を「SNSでの盛り上がりを最大化したいとき」と置き換えて考えていきましょう。

「発売前」は、バズの起点となるような美容オタクの評判を獲得し、UGCを生成し広げていく「評判形成期」です。具体的なUGC施策としては、美容オタク向けの商品発表会や、ギフティングなどです。そこで生成されたUGCをSNSADで広めて、商品発売日に向けて美容オタクや美容ミーハーの間での評判や期待値を上げていきます。

「発売時」は、発売前に形成した評判を一気に拡散させる時期です。発売日から2週間〜1ヵ月程度の時期を指します。評判形成がうまくできていれば、美容オタクや美容ミーハーによる「SNSで見て気になってた！」「買ってみた！」「使ってみた！」などのUGCが続々と上がってくるはずです。雑誌広告やテレビCMへの出稿もこの時期におこなうことで話題の盛り上がりを加速させることができます。また、インフルエンサー施策もこの時期に集中しておこなうことで最新

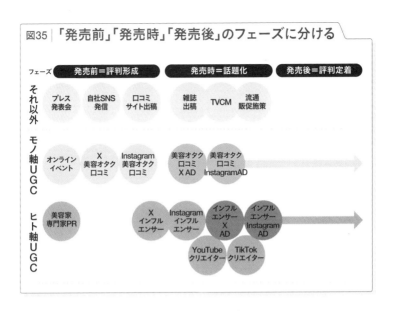

図35 「発売前」「発売時」「発売後」のフェーズに分ける

フェーズ	発売前＝評判形成			発売時＝話題化			発売後＝評判定着
それ以外	プレス発表会	自社SNS発信	口コミサイト出稿	雑誌出稿	TVCM	流通販促施策	
モノ軸UGC	オンラインイベント	X美容オタク口コミ	Instagram美容オタク口コミ	美容オタク口コミXAD	美容オタク口コミInstagramAD		
ヒト軸UGC	美容家専門家PR	Xインフルエンサー	Instagramインフルエンサー	インフルエンサーXAD	インフルエンサーInstagramAD		
				YouTubeクリエイター	TikTokクリエイター		

トレンドとして印象づけることができ、主に美容ミーハーからの注目度が上がります。インフルエンサーにより生成されたUGCの中から、商品の魅力をよりわかりやすく伝えているもの、ユーザーからの評判が良くエンゲージメントが高いものなどを選定し、SNSADに活用していきましょう。

「発売後」はせっかく広がった話題が失速しないように、継続的にUGC×SNSADを実施して露出し続けることで評判を定着させていきます。UGCの内容も吟味しながら美容マス層まで届けることを意識しましょう。

また、プランニングする際に欠かせないもう1つの視点として「網羅性と継続性」があります。

網羅性は、口コミや広告などを「あちこちで何度も見る」状態を作

ることです。XやInstagramはもちろんのこと、YouTubeやTikTok、そして各SNSプラットフォーム内のさまざまな面（たとえばInstagramならストーリーズ・リール・発見タグなど）で見られることで店頭想起されやすく、購買につながりやすくなります。

継続性は、上記のようにあらゆる場所で情報が露出している状態を継続させていくことです。これまで説明してきたように、すべての人が発売時のタイミングに購入を検討するとは限らないため、「発売前」「発売時」「発売後」のすべてのフェーズを通して話題の連鎖が途切れないようにプランニングしていきましょう。

指針⑤ X⇔Instagramで 話題をブリッジさせる

SNS上で「話題の連鎖」を起こすために最も重要なポイントは、「XとInstagramのブリッジ」です。CHAPTER2で説明したように、Xを愛用する美容オタクからInstagramの美容ミーハーに話題を連鎖させていくことが「SNS売れ」を実現させるためには不可欠ですが、この2大プラットフォームは世界観もユーザーの活用方法も全く異なるため、一方で話題化したものがもう一方でも同じように話題化していく、というようなブリッジが都合良く発生することは稀だからです。

そのため、XとInstagramの施策をプランニングする際には、それぞれのプラットフォームでの話題をどうブリッジさせるかという視点で戦略を立てる必要があるのです。

まず重要なのは仕掛けのタイミングです。必ずX→Instagramの順番に施策をおこないましょう。美容オタクはまずXで最新の美容情報を得たり発信したりする傾向があります。最新の美容情報が行き交う

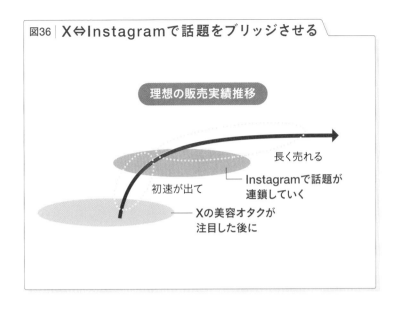

図36 | X⇔Instagramで話題をブリッジさせる

理想の販売実績推移

長く売れる

Instagramで話題が
連鎖していく

初速が出て

Xの美容オタクが
注目した後に

Xは「これから流行りそうなもの」について発話される場所なので評判の土壌作りには最適なのです。また、美容オタクがInstagramの美容ミーハーやインフルエンサーが発信する情報を発話のネタにすることはほとんどないので、順番を誤らないようにしましょう。商品発表会やギフティングを積極的におこない、美容オタクにXでUGCを上げてもらいます。

　Xの美容オタクの間で評判になると、美容オタクの口コミを信頼する美容ミーハーや、「みんなに知らせたい」「流行らせたい」と考える美容オタクが、「今、流行っている商品」「おすすめ」としてInstagramで話題にしていきます。施策としては、Xで美容オタクが生成したUGCをInstagram上でSNSAD配信することで、XとInstagramのブリッジを強制的に仕掛けていくことができます。これはすべて、「Xで話題になった」というファクトがないと実現しません。加えて、インフルエンサーにもアプローチして、Instagramの世

図37 | X話題化 → Instagram話題化の目的付与

**美容オタク
モニター
ギフティング**

モノ軸UGC

モノ軸
UGC

**「めっちゃ
良かった」**

モノ軸UGC

ヒト軸
UGC

インフル
エンサーPR

「私の愛用品」

Xで話題
評判の土壌を作り、
ザワザワし始める状態
「欲しい!」「買ってきた!」
「買えなかった」

発売前＝評判形成

(まとめ投稿)×X AD

(まとめ投稿)×InstagramAD

**ヒト軸UGC(まとめ投稿)×
X AD**

ヒト軸UGC×InstagramAD

Instagramで話題
評判の土壌があった上で、
評判を大量リーチし話題を連鎖
「美容オタク話題／インフルエンサー話題／
あちこちでよく見る！」を再現できている状態

ベストコスメ
カテゴリの
定番化
美容マス層
の後押し

発売時＝話題化　　　　発売後＝評判定着

界観に沿った形での話題化を狙っていきましょう。「流行っている感」を醸成するXと、「今、流行っている商品」として話題化されていくInstagram。この特性を見極めて、順番やアプローチ先をしっかり見極めてはじめて、XとInstagramのブリッジが実現するのです。

　前のページでは、①から⑤までの指標をプランニングに落とし込んだ場合どのようになるかを図で示しています（図37）。

指針⑥「話題化」を達成するための指標を設計する

　最後の指針は、KPI設計についてです。SNSマーケティングの最大の課題は、「何にいくらくらい投資したらよいかわからない」「PDCAが回せない」ということだと思いますが、これらはすべてSNSマーケティングにおけるKPI、指標設計の難しさに起因します。SNS＝デジタル広告ととらえると、マス広告に比べて効果検証がしやすいというイメージを持たれるかもしれませんが、特に店頭販売の商材の場合、SNSでの1つの施策がどれだけ売上に直接貢献したかを算出・検証することは、残念ながらほぼ不可能です。

　ここまで解説してきた「SNS売れ」の仕組みを鑑みても、SNSマーケティングの効果を検証するには1つの施策だけではなく、SNS施策全体を通して、どれだけ話題化できたか、どれだけの人にリーチでき、好感認知を獲得できたかを指標とし、その結果として販売実績数がどれだけ向上したかを総合的に検証していくことが必要です。

　私たちは、これまでたくさんのバズコスメを調査分析した結果から、美容×SNSマーケティングにおけるKPIの考え方、また「これくらい投資しなければ、無風」という最低限の目安を導き出しました。

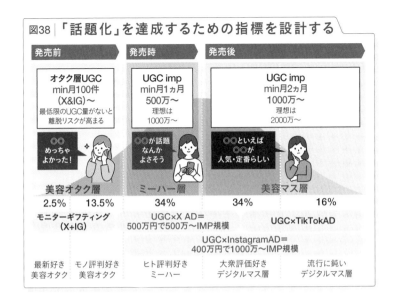

図38 │「話題化」を達成するための指標を設計する

発売前	発売時	発売後

オタク層UGC
min月100件
（X&IG）〜
最低限のUGC量がないと
離脱リスクが高まる

UGC imp
min月1ヵ月
500万〜
理想は
1000万〜

UGC imp
min月2ヵ月
1000万〜
理想は
2000万〜

○○
めっちゃ
よかった！

○○が話題
なんか
よさそう

○○といえば
○○が
人気・定番らしい

美容オタク層	ミーハー層	美容マス層
2.5%　13.5%	34%	34%　16%

モニターギフティング
（X+IG）

UGC×X AD=
500万円で500万〜IMP規模

UGC×TikTokAD

UGC×InstagramAD=
400万円で1000万〜IMP規模

最新好き 美容オタク	モノ評判好き 美容オタク	ヒト評判好き ミーハー	大衆評価好き デジタルマス層	流行に鈍い デジタルマス層

　まず発売前の評判形成期には、モノ軸UGCがXとInstagramそれぞれで100件／月 生成されていることが、以降の「話題化」を実現させるために最低限必要ということがわかりました。

　次の「話題化」のフェーズからは、SNS上のUGCの表示回数（imp）で指標化することが可能です。発売時に500万imp、発売後2ヵ月間で1000万impが最低ラインとなります。

　これらを合計すると、全体を通して必要なUGCの指標は「1500万imp以上」。この指標を達成することを目指して、施策設計していくことが必要です。これはあくまで「無風にならない」という最低ラインなので、理想をいえば発売時には1000万imp以上、発売後は2ヵ月間で2000万imp以上が見込めると良いと思います。

　ちなみにこの指標をインフルエンサーによるPR投稿だけで達成しようとすると、予算が数千万円規模に膨れ上がってしまいますので、SNSADをうまく組み込んでいきましょう。それぞれのフェーズに応

じた適切なUGCを活用しながら、SNSADを実施することで、戦略的に指標を達成することが可能となります。

　図38では目安の予算も示していますが、ここは個別にプランニングをおこなうものなので、あくまで目安として参考にしていただければと思います。モノ軸UGCに関する施策では、おおよそ500万から2000万円、ヒト軸UGCは400万円〜としていますが、ヒト軸はインフルエンサーが関わるところなので、無限に予算をかけられるところになります。

プロモーション設計の事例

　以上、SNSマーケティングの戦略立案のための6つの指針についてご説明してきました。ここでは、私たちが実際におこなった新商品発売前後のプロモーションの全体設計の事例を見ながら、6つの指針をプランニングに落とし込むとどのようになるのかを解説していきます。

　図39で示しているのは、9月発売のシャンプー商材の例です。まず、「発売前」「発売時」「発売後」のフェーズごとに具体的な状態目標と定量指標、それらを達成するためのモノ軸UGC・ヒト軸UGCの施策を書き出します。そして「モノ軸」「ヒト軸」のUGC別に、X⇔Instagramのブリッジに留意しながら施策を配置していきます。話題を一過性に終わらせないためのSNSAD施策も忘れずに組み込みましょう。こうして全体図を見てみると、これまでにお伝えしてきたさまざまなメソッドやノウハウが「点」ではなく「線」としてつながり、難解に思えていたSNSマーケティングに対しての解像度がぐっと上がっていることにお気づきいただけたのではないでしょうか。

図39 | シャンプー商材・プランニング事例

モノ軸 UGC

オンライン
イベント
「ヤバい!」
「期待!」

美容オタク
モニター
ギフティング
「めっちゃ良かった」

ヒト軸 UGC

美容家・
専門家PR
「これはすごい」

インフルエンサー
PR
「私の愛用品」

YouTube、
TikTokインフ
「私の愛用品」

※X「500万IM
=15-44歳2000万人
X経路20%×4回接触

理想状態

Xで話題化
評判の土壌を作り、
ザワザワし始める状態
「欲しい!」「買ってきた!」
「買えなかった」

**SNS売れを目指す
最低限のKPI**

レビューUGC min月100件(X&IG)〜 最低限のUGC量がないと離脱リスクが高まる	

ブランドアクション

プレス
発表会

一般
情報解禁

口コミサイト出稿

商品発売

TVCM

発売前=評判形成

7月　　　　8月　　　　9月

モノ軸UGC（まとめ投稿）×TwitterAD

モノ軸UGC（まとめ投稿）×X AD

ヒト軸UGC×X AD

ヒト軸UGC×InstagramAD

ルエンサーPR

ヒト軸　動画UGC×TikTokAD

P〜」の根拠　　　　　　　※Instagram「1000万IMP〜」の根拠
×認知率3割×　　　　　　＝15-44歳2000万人×認知率3割×IG経路30%×4回接触

ベストコスメ
カテゴリの
定番化
マス層の
後押し

Instagramで話題化
評判の土壌があった上で、評判を大量リーチし話題を連鎖
「美容オタク話題／インフルエンサー話題／
あちこちでよく見る！」を再現できている状態

| **UGCリーチ**
min1ヵ月500万〜
理想は1000万〜imp | **UGCリーチ**
min2ヵ月1000万〜
理想は2000万〜imp |

／販促物展開

／雑誌広告

| 発売時
＝話題化 | 発売後＝評判定着 |

| 10月 | 11月 | 12月 | 1月 | 2月 |

とはいえ、実際にプランニングしてみると「露出が１つのSNSプラットフォームに偏っていた」「発売後の施策がなかった」など後から抜け漏れに気づくということもあります。

　そこで、「初速が出て長く売れる」理想の売上推移を目指すための「プランニングチェックポイント10」をご用意しました。

　みなさまがSNSマーケティングプランを設計した際の、最終確認のチェックリストとしてご活用いただければ幸いです。

［プランニングチェックポイント10］

①□購買転換率の高い SNS「X と Instagram」の予算を十分に確保できていますか？
　（NG 例：予算の優先順位がなく、SNS とそれ以外の施策がすべて点で並列になっている）

②□ SNS での「評判形成」「話題化」「評判定着」の流れを具体的に描けていますか？
　（NG 例：初期にバズることだけを意識した結果、その後の継続性に欠けた施策になっている）

③□商品の「認知」だけではなく、購買につながりやすい「好感認知」の獲得を意識した施策になっていますか？
（NG 例：バナー広告や X でのプレゼントキャンペーンなど、商品名だけの「認知」を獲得する施策しか予定していない）

④□「発売前」のフェーズで美容オタクへの情報提供や口コミ対策が組み込まれていますか？

（NG例：SNSでの早期の話題化を意識するあまり、いきなりインフルエンサーのPR投稿だけを実施してしまう）

⑤□ X ⇔ Instagram のブリッジを意識し、はじめにXでの評判形成を仕込めていますか？

（NG例：Instagram が一番見られているからと、まずInstagram の施策から始めてしまう）

⑥□美容情報に対する感度の違いを理解し、美容オタク→美容ミーハー→美容マスの情報流通を意識した施策設計になっていますか？

（NG例：年齢など基本属性を軸とした施策になってしまっている）

⑦□複数のSNSプラットフォームを網羅できていますか？

（NG例：「美容商材はInstagram」「若年層向けだからTikTok」といった思い込みから偏った施策になっている）

⑧□「発売前」「発売時」「発売後」それぞれのフェーズに合わせた適切な施策設計になっていますか？

（NG例：発売前の仕込みができていなかったり、発売後の施策が空白になってしまったりしている）

⑨□ UGC における「モノ軸」「ヒト軸」の違いを理解し、その使い分けと掛け合わせができていますか？

（NG 例：UGC 施策＝インフルエンサー PR という思い込みに
よりヒト軸 UGC しか生成できていない）

⑩□ SNS 施策を実施する上での指標設計はできていますか？
（NG 例：明確な指標がない中でとりあえず施策を設計してし
まっている）

対 談

横山隆治 × 中谷友里

ブランドの「現在地を知る」
SNSマーケティングの重要性とは

対談相手プロフィール

横山隆治（よこやまりゅうじ）
1958年生まれ。横山隆治事務所（シックス・サイト）代表。株式会社ベストインクラスプロデューサーズ 取締役。1982年青山学院大学文学部英米文学科卒。同年株式会社旭通信社入社。1996年にデジタルアドバタイジングコンソーシアム株式会社の設立に参画。同社代表取締役副社長を経て、2001年同社を上場。インターネット広告の黎明期からその普及、理論化、体系化に取り組み、企業のマーケティングメディアをPOEに整理するトリプルメディアの考え方を日本に紹介するなど、長年にわたりネット広告、デジタルマーケティングに関する著書を多く発表。2011年7月株式会社デジタルインテリジェンス代表取締役に就任。

コミュニケーションは「受け手」主導へ
デジタル化がもたらした大革命

中谷友里（以下、中谷）：人々の生活に影響力を持つメディアは、時代とともにマスからデジタルへと移り変わりました。このことが企業のマーケティングにどのような変化をもたらしたのか、横山さんのお

考えをお聞かせください。

横山隆治（以下、横山）：まず、デジタル化によって起きた大革命は何かというと、情報やデータが記録媒体にデジタルで記録されるようになったということです。具体的には、レコードからCDへ、フィルムカメラからデジタルカメラへというように、デジタル媒体の登場によって記録できる情報量が爆発的に増え、世の中に供給される情報量も膨大になりました。一方で、人一人が消費できる情報量というのはほとんど変わらない。供給される情報のうち、消費される情報はほんの一部ということになっています。

中谷：消費されないと、その情報発信はほとんど意味がないということになってしまいますよね。企業側が見てほしい情報を、ターゲットに届けることがとても難しい時代になりました。

横山：そうすると、どうなるでしょうか。情報の受け手は、目の前に溢れている情報の中から、消費したい（受け取りたい）情報を自分で選ぶことになる。コミュニケーションの主導権が送り手から受け手に移ったということです。具体的な例をあげると、電話はかける側、つまり送り手がコミュニケーションを成立させるタイミングを決めます。しかし、メールやLINEなどは受け取った側が画面を開いてはじめてコミュニケーションが成立しますよね。デジタル化によって、コミュニケーションは圧倒的に受け手を主軸にして成立するようになったわけです。こうしたメガトレンドはマーケティング業界にも流れ込

んで、情報の送り手である企業側よりも消費者が、圧倒的にコミュニケーションを支配するようになってきたということです。

SNSは"宝の山"
スタートはブランドの現在地を知ること

中谷：コミュニケーションだけでなく、美容業界においてはトレンドも、企業側ではなく消費者側のコントロール下にあると感じることが多々あります。さらに言うと、そのブランドの意味だとか価値すらも消費者側が決定権を持つような時代になっているのではないかと。そんな中で、企業はマーケティング活動においてSNSをどのように活用すべきだと思いますか。

横山：SNSの登場によって消費者も発信する側（＝メディア）となった今、企業はSNSをどのように活用するかを考える以前に、「SNSによって自分のブランドはどうコントロールされているのか」を知らなければいけない時代になったと思います。今は自分たちのブランドの立ち位置だとか、消費者にどういうパーセプションを持たれているかということがSNSでわかるようになりました。企業はそれらをまず見つけて理解すること。そこがスタートだと思います。

中谷：まずはSNSで「現在地を知る」ことから始める、ということですね。今はSNSで消費者パーセプションをはじめ、かなりの情報を探索できるようになりました。

横山：そうですね。ただ、そうした情報の抽出や分析は、簡単ではないと思います。たとえば単にエゴサーチのような形で、SNS上の反応を集めることや、その反応している人たちの属性を調べることで、分析できたと思っているケースがあります。この場合「10代女性は好意的だけど、20代女性は批判的。だから20代女性にも受けるような施策を打とう！」と、浅い分析に従って施策を検討し、失敗するということはよくあります。本格的な分析をしようとすると、スキルや時間、人員など相当のリソースが必要になります。企業の広報担当が別の業務と兼任で「SNS担当"も"やっています」という状態ではほとんど不可能だと言ってもいい。

だからこそ、トレンダーズさんのようなSNSのプロにコンサル依頼が集まるわけですが、先ほど中谷さんがおっしゃった通り、SNSを使った情報取得というのは、実はマーケティングプロセスのもっと上位概念のところで非常に大切なものになってきていると思います。SNSがバズらせる施策のためのものだと思っていたら大間違いで、そもそもコミュニケーション設計・開発の大元を作るための材料だということを理解し、その価値に気づく必要があるのです。

中谷：そこまで気づいている企業は多くはない印象です。

横山：そうですね。少し前までは、アンケートやグループインタビューを通して得た情報から「消費者インサイト」という、ある種の気づきみたいなものを抽出してプランニングに落とし込むという工程がありました。しかし、そもそも消費者インサイトというのは、「まだ誰

も気づいていない琴線に触れる何か」というような概念なので、SNSが普及したことで、「まだ気づいていない」ということにあまり意味がなくなってきた。自分で意識している・していないに関わらず、みんなある程度そのブランドに対するパーセプションを持っている状態なのです。そしてそれが、ブランド自体をもコントロールし得る大きな力になっているわけなんですね。

中谷：そうなるとやはり、過去の成功法則をなぞっているだけでは、現代のマーケティング戦略としては効果が望めないことになりますね。

横山：おっしゃる通りです。SNS活用の目的は、SNSプロモーションの実施というのももちろんあるのですが、コミュニケーション実施以前のマーケティングプロセスにおいて、消費者パーセプションを見つけるだとか、そもそも自分たちのブランドのポジショニングをどう理解するかのカギをSNSの情報の中から見つけ出すことです。そう考えるとまさにSNSは"宝の山"なので、それを使わない理由はないと思います。

メッセージは「刺さる」から「沁みる」へ
デジタル時代は反応する人がターゲット

中谷：ここでプロモーションの話に移りますが、近頃は受け手側のリテラシーが向上して、ブランド側の戦略が見透かされてしまうことも

少なくありません。生活者の心を動かすフレーズの見つけ方というのはありますか?

横山:広告業界ではよく「どうすれば刺さる表現になるか」などと言ったりしますが、「刺す」というのはあくまで送り手側の論理なんですよね。かつて「広告はラブレターだ」みたいなことも言われた時代もあるくらいです。今もそれが全く通用しないわけじゃないですが、おっしゃる通りある程度は見透かされてしまいます。送り手の論理で語られているな、というのを消費者が感じ取っているからです。そのため、情報を発信する側はUSP(Unique Selling Proposition)「売れるための価値・強み」ではなく、こんな言葉があるかわかりませんが、UBP(Unique Buying Proposition)「買う人にとっての価値・強み」で考えることが重要になります。

中谷:私たちは美容オタクのSNS上のつぶやきからキーとなるフレーズを見つけることがよくあります。実際に購入した人のリアルな声なので、見る人に好感を与えやすく、ブランド側が思いもつかなかった売れポイントを発見できることがあります。

横山:まさに、生活者の心を動かすコピーというのはSNSで生まれ始めていると思います。消費者のつぶやきに、同じ消費者にとって共感とか賛同するような要素があると、それそのものがコピーになって少しずつ世間に浸透する。それは「刺さる」と言うほど尖ったものではなく、消費者に「わかるなぁ」「良さそうだなぁ」とじんわり「沁

みる」イメージです。この"沁みる"フレーズをSNSでどう見つけて、どのように自分たちのブランドの表現、コピーにしていくかが今問われているのだと思います。

中谷：沁みるフレーズ……。確かにそのイメージは現代のマーケティング戦略を考える上で欠かせない要素ですよね。それに加えて、近年ではペルソナを設定してターゲットを絞り込むという考え方も薄れてきている印象があります。

横山：それはその通りで、ターゲットはメーカー側がペルソナを磨き上げて設定するというよりも、そのブランド（の情報）に対して何らかの反応をしてくれる人がそのままターゲットとなる、と考えていいでしょう。ペルソナを作り込むと、「そんな人、現代の日本にどれくらいいるんだろう」と思うような狭すぎるターゲットになりがちです。働き方もライフスタイルも好みも多様化している現代において、ユーザーのペルソナを設定することは非常に難しく、また効率も悪い。それよりも、自分たちのブランドに反応した人はどういう人なのかを検証・分析し、その人たちが購買してくれるまでの後押しをする施策を考えることが大切になってきています。

中谷：とはいえ、これまでのマス広告の効果が全くなくなる訳でもないと考えています。SNSを通じて一定のパーセプションが浸透していって、ユーザーの商品に対する興味・関心が醸成されている段階でテレビCMを打つことで「みんなも知っているあの商品がテレビで

流れていた」と最後の一押しとなるイメージです。

投稿者の熱量を数値化
データマーケティングのフェーズへ

中谷：ここまで、コミュニケーションの主導権が受け手になったこと、SNS に多くのヒントやアイデアがあること、発信すべきメッセージは「刺さる」ではなく「沁みる」、というお話をしていただきました。これらのことをいざ戦略として組み立てていこうと考えたときに、避けて通れないことの1つに「KPI の設定」があります。私たちは、SNS を活用してプロモーションを仕掛ける際、最低限担保すべき KPI を1シーズンで1500万 imp 以上（バズコスメ分析から算出）などと定めているのですが、横山さんは SNS を活用する際の指標設計について、どんな考えをお持ちですか。

横山：たとえば投稿量であれば、ブランド名やアイテム名から集計できるわけですが、投稿の質はその投稿に対するリアクション、エンゲージメントの高さなどで評価されるのが一般的です。トレンダーズさんはそれに加えて、ブランドやアイテムに対する熱い想いがどれだけあるかという、「投稿者の熱量」で投稿の質を評価していますよね。

中谷：そうです。美容オタクの熱量の高い投稿の有無が、店頭 POS の動きに強く相関していることがこれまでのバズコスメ分析からもわかっています。

横山：これまでは SNS マーケティングの歴史が浅く、細かな統計を取れていませんでしたが、今は SNS での施策も購買と相関するところを数値として出して、それを検証する時代になってきていると思います。特に SNS マーケティングがかなり機能している化粧品などのカテゴリーにおいては、「投稿者の熱量」のように、購買にどれだけ相関しているかの相関係数が高いものをそろそろ見つけ出して、それを KPI にしていくことがいずれできてくると思います。

中谷：横山さんには、SNS 投稿の熱量と購買との相関性をより詳細に分析できるよう、弊社とお取組みをご一緒していただいているところなんですよね。やはり SNS の分析ツールなどで計測できる数値だけでは、その施策がどう購買につながったのかが、いまいち判断しづらいところがあります。消費者はどう喜んでいるかとか、どこにテンションが上がって購入したかまでは、SNS に詳しくないとわからない。そのあたりが数値化される日が来れば、誰でもより精度の高い SNS マーケティングがおこなえるようになりますね。そこはお楽しみにというところでしょうか。

横山：熱量や感情が数値化された際、良くも悪くも、はっきりと突きつけられる怖さもあるでしょうけどね。その結果、もしもネガティブなパーセプションを消費者に抱かれていたとしたら、自分たちの存在価値を改めてポジティブチェンジするための課題探しとしても、SNS を積極的に使ってほしいと思います。

中谷：熱量の数値化については少し未来の話ですが、SNSでブランドの課題を探して変革のためのプロジェクトを進めている企業はすでに出てきています。ただ、こうした変革はそれまでに積み上げてきた企業文化やイメージを一新することにもつながるので、企業規模が大きいほどハードルが高くなりますよね。

横山：そうですね。小回りが利く中小企業やスタートアップ系の企業のほうが柔軟に変革を始められるはずです。ただ、これまでにお伝えした通り、こんなにヒントが眠っているSNSをマーケティングに使わないのは、一言でいうと非常にもったいない。その重要さに気づいた企業の中には、自社内にSNSマーケティングのプロ集団を抱えるところも出てきています。企業風土を簡単に変えられない大手企業だからといって、対応できなければあっという間に時代に取り残されてしまいます。SNSマーケティングのスピード感と奥深さを、企業は今よりもっと重く受け止めるべきでしょう。

Q & A

よくいただく
ご質問

Q1.

SNSマーケティング施策は、

戦略にもとづいていれば

一度だけの実施で

よいのでしょうか？

A.

SNS施策における「評判形成→話題化→評判定着」の流れは、一度だけではなく２度、３度とおこなうことで同じ話題化の山を作り出すことができます。一度実施してその後何もしなければ、当然SNS上での露出も少なくなり話題は失速していくので、「SNSで話題」の状態にまたもっていくためには再度「評判形成」から実施していくことになります。「一度やった施策はもうやりたくない」「何か新しいことをしたい」と言われる方もいらっしゃいますが、地道にこの流れを繰り返すことが一番の近道と言っても過言ではありません。SNS上に評判が蓄積されたことで、２度目に実施したときのほうが効果が高かったといったケースも少なくないのです。

Q2.

UGCをオーガニックで
発生させるためには、
どうしたらよいですか？

A.

CHAPTER2でご紹介したユーザー分析の結果の通り、美容オタクであってもSNSで美容情報を発信するのは２割以下にとどまっています。また、何を好み、何を考え、何が心に刺さるのかは個々さまざまで、生活者の趣味嗜好は実に多様化しています。ですからどんな商品であっても、自然な形でUGCが発生するという保証はないのです。UGCはSNSマーケティングにおいて不可欠な要素ですから、やはりギフティングなどのUGC施策を組み込むことが戦略的なSNSマーケティングをおこなう上では必要になってくると思います。

Q3.

プロモーション支援をする上で、

SNSでの盛り上がりが

一過性にならないように

意識すべきことは

ありますか？

A.

　最も意識しているのは、UGCの露出を止めないことです。UGCを活用したSNSAD配信を継続しておこなうことでリーチ数、リーチ期間を伸ばしていきます。また発売後のフェーズであれば、インフルエンサーのヒト軸UGCよりも一般層や美容オタク両方によるモノ軸UGCが参考にされやすいので活用することが多いです。

Q4.

UGCが企業からの依頼である

ことに気づいた生活者は、

商品やブランドにネガティブな

イメージを

抱かないのでしょうか？

A.

SNSユーザーの大半が、企業からのギフティングやPR依頼による投稿が存在することを認知し容認しているといわれています。投稿者独自の視点や工夫が含まれているものなど、見る人にとって有益な情報が得られるものであれば、ポジティブにとらえてもらえるものです。

逆に、以下のようなPR投稿はSNSユーザーにネガティブな印象を与えてしまいます。

× インフルエンサーの発話内容が全員同じ

× 商品の特徴や成分の情報が詳細すぎてわかりにくい

× 投稿のテキスト文が「#」（ハッシュタグ）だらけ

これらに共通するのは、見た人が「メーカーから言わされている」と感じてしまう内容であることです。このことについてはインフルエンサーも認識しているため、上記のような投稿をインフルエンサーに強制することで彼らにネガティブな印象を与えることにつながります。本来は好感認知を獲得するための施策が、本末転倒になってしまわないよう十分に注意しましょう。

Q5.

「美容オタク」と
「美容系インフルエンサー」って、
同じですか？

A.

　イコールにされることが多いのですが、美容系イン フルエンサーだからといって必ずしも「美容感度」が 美容オタクとは限りません。もともと美容オタクで、 SNS上で美容情報の発信を続けていたらフォロワー数 が増えていき、結果的に美容系インフルエンサーにな った、という「＝美容オタク」の美容系インフルエン サーもいますが、美容きっかけではなくインフルエン サーになり、さまざまな投稿をしている中でも美容の 比率が高い、という「≠美容オタク」の美容系インフ ルエンサーも存在します。

　美容系インフルエンサーを活用する場合は、美容オ タクかそうでないかを見極めた上で、誰にどのフェー ズで何を依頼するかを十分に吟味する必要があります。

Q6.

化粧品ブランドが

SNS マーケティングを

実施する上で、

パートナー企業とはどのように

連携するとうまくいきますか？

A.

　短いサイクルで変化し続けるSNSのトレンドをキャッチアップするのは容易ではありません。「餅は餅屋」という言葉があるように、SNSに精通するパートナー企業に頼ることも有効な手段です。

　パートナー企業に対しては、商品の訴求ポイントやブランドの方向性をしっかりと共有し、コミュニケーションを密にしていくことで連携がスムーズになります。また、この連携のスタートは早ければ早いほど効果的です。さまざまな施策を実施して、うまくいかなかった後に相談するのではなく、商品の企画段階やマーケティング施策の設計前からディスカッションを開始できると、マーケティング全体を通して一貫性が生まれ、ゴールに向けた理想的な連携が実現できるのです。

Q7.

定番商品の
マーケティング施策において、
SNSでの話題の盛り上がりを
最大化する時期は
どのように決めれば
よいのでしょうか？

A.

　店頭で何かしらの打ち出しができるタイミングや、ECサイトのセール時期などに合わせると、より販売実績につなげやすくなります。

　訴求する内容については、「定番商品だからもう伝えることがない」「新しい情報が何もない」などと決めつけないことです。SNSでの発話内容に目を向けてみると、思わぬ視点や利用方法など、何かしらのヒントを得られるかもしれません。

Q8.

UGCを増やすためにSNSで
プレゼントキャンペーンを
するのは効果的ですか？

A.

SNSキャンペーンを実施する際は、目的を商品やブランドの「認知」に振り切って設計しましょう。キャンペーンを実施することで商品に関する投稿数は増えますが、その大半は当選報告、もしくは商品名やブランド名が記載されているだけで、「UGC」と呼べるものではありません。

また、他のUGC施策と並行しておこなう場合、ユーザーが商品情報を検索した際にキャンペーンに関する投稿が検索結果に溢れ、本当のUGCにたどり着けないリスクもあります。全体の施策設計の中で時期や露出量のバランスを慎重に見極める必要があります。

おわりに

「MimiTVをNo.1のSNS美容メディアにします！」

　私がMimiTVにジョインしたのは2018年のことです。そこから今まで、メディアのコンテンツを充実させ、まだ前例の少なかったライブ配信を自ら企画・実施し、オンラインイベントを多数企画し、ユーザー一人ひとりの声に耳を傾け、そうやってMimiTVはSNS総フォロワー数575万を超える美容メディアへと成長を果たすことができました。

　なぜ、それを成し遂げることができたのか。振り返ってみると、私は幼い頃から好きなものにエネルギーを爆発させる「オタク」タイプでした。学生時代はとにかくファッションやメイクに関わる仕事をしたくて、自作の名刺を配り歩いていたこともあります。とにかく「これだ！」と思ったものには一直線になってしまうのです。また、まだあまり世の中で知られていないものを広めるこ

とも大好きで、10代の頃からあらゆるSNSを試しては、周囲に紹介していました。

　MimiTVの成長にコミットしてきたのは、MimiTVというメディアを通して、自身の「美容オタク」ぶりを仕事に活かし、自分が得意で大好きなSNSを組み合わせることで多くの人に有益な情報を届けられると思ったからです。そして今まさに、それを実現できていることを本当にうれしく思います。

　でも、まだまだ道半ば。

　SNSを最大限活用する美容メディアとして、私たちにはもっとできること、伝えられることがあるはずです。本書を執筆するに至ったのは、そんな思いからでした。

　美容商材の購買行動におけるSNSの影響力が増している一方で、プラットフォームが増え、SNSのトレンドはあっという間に移り

変わり、ユーザーのSNS活用方法も多様化しています。SNSマーケティングの難易度がどんどん高まる中、多くの美容ブランドのご担当者は頭を悩ませています。

　でも、だからといって既存の施策や発想にとどまって、チャレンジをしないのはあまりにももったいないと私は思います。なぜなら、SNSの可能性はまだまだ無限大だからです。SNSは単なるコミュニケーションツールではなく、SNSを通じてビジネスの現場でユーザーとつながる機会をこれからもっと増やせるツールだと予想できます。

　それにより、ブランドとユーザーはより近く、親密な関係性を築くことができるはずです。店頭で美容部員さんと話して感じた納得感や、新商品発表会のプレゼンを聞いて感じたワクワク感。そんなリアルでしか味わえなかった感情が、オンラインでも体験できる世界はもうすぐそこまで来ています。

MimiTVを通して、私は幸いにも、数多くのブランドのご担当者と直接お話しする機会をいただいています。ご担当者のブランドや商品に対する思いに触れることでますます、私は美容が大好きになっていきました。だからこそブランドのみなさまの思いを、化粧品1つひとつの魅力を、一人でも多くの生活者に届けたいと強く思っていますし、誰もが自分らしく、自由に美容を楽しんでいただきたいと、心から願っています。

最後に。

　この先SNSはどう変わっていくのか、それは誰にも予測できません。

　でも、いかなるときでも、私たちはブランドとユーザーをつなぐ架け橋でいたいと思います。私たちがみなさまに必要とされるのは、切磋琢磨しながら良い商品を作り続けてくださっているブランドのみなさま、そしてその商品にときめいて、楽しんでくださっているユーザーのみなさまのおかげです。すべてのステークホルダーのみなさまに心からの感謝を捧げます。

SPECIAL THANKS

黒川涼子

野中祥平

好中順子

遠藤梨奈

松雪世梨奈

白石めぐみ

伊藤早紀

石川栞菜

土田遥

山下桃佳

バズコスメ300点を徹底分析してわかった
美容×SNSマーケティング「売れ」の法則

発行日　2023年9月22日　第1刷

Author　　　　　　　中谷友里

Book Designer　　　小口翔平＋阿部早紀子（tobufune）

Publication　　　　株式会社ディスカヴァー・トゥエンティワン
　　　　　　　　　　〒102-0093　東京都千代田区平河町 2-16-1 平河町森タワー 11F
　　　　　　　　　　TEL　03-3237-8321（代表）03-3237-8345（営業）
　　　　　　　　　　FAX　03-3237-8323
　　　　　　　　　　http://www.d21.co.jp

Publisher　　　　　谷口奈緒美
Editor　　　　　　　村尾純司

Marketing Solution Company

飯田智樹　蛯原昇　古矢薫　山中麻吏　佐藤昌幸　青木翔平　小田木もも
工藤奈津子　佐藤淳基　野村美紀　松ノ下直輝　八木眸　鈴木雄大　藤井多穂子
伊藤香　小山怜那　鈴木洋子

Digital Publishing Company

小田孝文　大山聡子　川島理　藤田浩芳　大竹朝子　中島俊平　早水真吾
三谷祐一　小関勝則　千葉正幸　原典宏　青木涼馬　阿知波淳平　磯部隆
伊東佑真　榎本明日香　王廳　大崎双葉　大田原恵美　近江花渚　佐藤サラ圭
志摩麻衣　庄司知世　杉田彰子　仙田彩歌　副島杏南　滝口景太郎　舘瑞恵
田山礼真　津野主揮　中西花　西川なつか　野﨑竜海　野中保奈美　野村美空
橋本莉奈　林秀樹　廣内悠理　星野悠希　牧野類　宮田有利子　三輪真也
村尾純司　元木優子　安永姫菜　山田諭志　小石亜季　古川菜津子　坂田哲彦
高原未来子　中澤泰宏　浅野目七重　石橋佐知子　井澤徳子　伊藤由美
蛯原華恵　葛目美枝子　金野美穂　千葉潤子　波塚みなみ　西村亜希子
畑野衣見　林佳菜　藤井かおり　町田加奈子　宮崎陽子　新井英里　石田麻梨子
岩田絵美　恵藤奏恵　大原花桜里　蠟﨑浩矢　神日登美　近藤恵理　塩川栞那
繁田かおり　末永敦大　時任炎　中谷夕香　長谷川かの子　服部剛　米盛さゆり

TECH Company　　 大星多聞　森谷真一　馮東平　宇賀神実　小野航平　林秀規　斎藤悠人　福田章平

Headquarters　　　塩川和真　井筒浩　井上竜之介　奥田千晶　久保裕子　田中亜紀　福永友紀
　　　　　　　　　　池田望　齋藤朋子　俵敬子　宮下祥子　丸山香織

Proofreader　　　　小宮雄介
DTP　　　　　　　　荒井雅美　（トモエキコウ）
Printing　　　　　　日経印刷株式会社

ISBN978-4-910286-42-6
BIYO × SNS MARKETING URE NO HOUSOKU by Yuri Nakatani